100 QUESTIONS SUR LE MANIOC ET SON TRAITEMENT ET UTILISATION

Système Technologique
National de l'Industrie du Manioc

Presse Agricole de Chine
Beijing

Éditeurs Zhang Zhenwen Li Kaimian
Éditeurs adjoints Gu Bi Li Jun Tian Yinong
Liu Guanghua Huang Guixiu
Zhang Peng
Participants (Dans l'ordre du nombre de traits de nom)
Wang Wenquan Wei Zhuowen
Gan Xiuqin Ye Jianqiu Liu Qian
Li Zhaogui He Shiyu Song Yong
Xiao Ziying Lu Xiaojing Chen Qing
Lin Liming Ou Wenjun Zhou Bin
Zhou Yingchun Zhou Gaoshan
Yao Qingqun Yuan Zhanqi Xu Huan
Huang Jie Han Quanhui
Réviseur He Xiaoyan

Sommaire

Chapitre 1 Connaissances de base

1. Quels sont les alias de manioc?

Le manioc a été introduit en Chine à la fin du XVIIIe siècle. Il est classé dans le genre Eucalyptus (nom latin: *Manihot esculenta* Crantz), une plante annuelle ou vivace. Parce que ses racines sont riches en amidon, il est connu sous le nom de《grenier souterrain》. Il existe trois principaux alias de manioc, à savoir Patate d' Arbre, Patate de Bois et Manioc Nanyang. Dans différentes zones de plantation, selon la forme et la source, son nom est différent, tels que Nanyanghong ou Dongguan Hongwei (Huanan 201), Feuille Fine Indonésienne (Huanan 205), Manioc en Riz Guant (Huanan 102), Rouge Malais ou Manioc de Pain (Huanan 101) et ainsi de suite.

2. Quelles sont les principales caractéristiques morphologiques du manioc?

Manioc originaires du Brésil, dans les Caraïbes et en Amérique centrale. Sa plante arbuste droit, 1,0 à 5,0 mètres de haut, encore plus partie de branche supérieure ramification, angle bifurquer très petite, compacte, généralement 2 à 3 bifurcations. La tige porte un nœud, plus dense, avec des bourgeons sur les nœuds, le dessus des tiges tendres est rouge violacé, les tiges matures sont brunes et la peau intérieur est vert clair. Les racines du cultivar sont gonflées et appartiennent aux racines métamorphiques, fusiformes ou cylindriques, riches en amidon, brun foncé à la peau externe et rose à l'intérieur. Feuilles alternes, feuille palmée profondément basale, généralement 3 – 9 fendues, cunéiformes, suborbiculaires et obovales, lobes de 10 – 14,5 cm de long, 1,0 – 2,0 cm de large, 13 – 20 nervures latérales; Le pétiole mesure 8 – 22 cm de long et a la forme d'un bouclier: il est rouge, vert et violet. Stipules triangulaires-lancéolées, entières ou à 1 – 2 soies. Panicules terminales ou axillaires, sépales lancéolés; Calice à rouge violacé, vert clair, pas complètement fleuri. Fleurs mâles: calice d'environ 5 mm, lobes longs ovés, subulés, sessés, étamines de 6 – 10 mm de long, les anthères sont surmontés de cheveux courts blancs. Fleurs femelles: calice d'environ 10 mm, stigmate courbé, en forme de frange; capsule elliptique à surface rugueuse, avec 6 ailes longitudinales étroites et ondulées; Les graines sont oblongues et rondes, mesurent environ 1,0 cm de large et 0,6 cm de large, ont trois faces, la coque dure, ryaée et lisses. Floraison de septembre à novembre, la sécheresse ou le stress peut induire une floraison précoce.

3. Comment sélectionner les graines de nouvelles variétés de manioc?

Les ressources en semences de manioc constituent la base de la sélection des variétés de manioc. La Chine n'est pas à l'origine du manioc et la sélection repose principalement sur l'introduction de ressources et l'innovation. Actuellement, la plus grande et la plus complète des ressources génétiques de manioc en Chine se trouve dans le nouveau village de Baodao, dans la ville de Danzhou, dans la province de Hainan. L'unité de soutien est l'Institut de Recherche sur les Ressources Génétiques des Cultures Tropicales de L'Académie d'Agriculture Tropicale de Chine. Au fil des ans, la Chine a introduit des semences de manioc rares et hybrides de haute qualité provenant du Centre International d'Agriculture Tropicale de Colombie (CITA), ainsi que de la Thaïlande, du Brésil et de l'Indonésie, la sélection de nouvelles variétés de manioc a été réalisée grâce à la sélection hybride artificielle, à la sélection hybride naturelle et aux techniques et moyens transgéniques. Jusqu'en 2017, près de 23 excellentes variétés ont été sélectionnées et promues et leur sélection comprend les étapes suivantes:

(1) Détermination du parent, le parent est déterminé en fonction de l'objectif de semence.

(2) Le trait cible est introduit par hybridation artificielle ou technologie transgénique.

(3) Ratio de cravate primaire, intermédiaire et supérieur. D'excellentes souches ont été sélectionnées par observation et évaluation dans la génération F_1.

(4) Essai dans les champs. Des essais dans les champs et des techniques de culture complémentaires sont effectués dans la zone de production.

(5) Essai de production. Des essais de production sont réalisés dans divers districts de démonstration.

(6) Validation des variétés et promotion des démonstrations.

4. Quelles sont les caractéristiques biologiques du manioc?

Le manioc a une forte adaptabilité, il aime chaud, ne résiste pas au froid, ne craint pas la sécheresse, résiste aux mucosités et aux températures élevées, il aime la lumière, ne résiste pas au sombre et ne résiste pas à l'inondation. Il est plus approprié de planter dans des zones où la période sans gel est supérieure à 240 jours et où la température moyenne annuelle est supérieure à 18℃. Le manioc est une plante de courte insolation qui exige beaucoup de temps au soleil, l'ombrage ou un manque de lumière peut facilement entraîner une croissance excessive, un allongement de l'entre-nœud, de petites tiges, un faible rendement et même une récolte nulle. La demande en eau dans le manioc n'est pas élevée et elle convient à la culture dans les régions où les précipitations annuelles sont comprises entre 600 et 6 000 mm. Si dans les régions où les précipitations annuelles sont inférieures à 500 mm, les rendements sont faibles et la qualité n'est pas bonne. Le manioc a de faibles exigences en matière de sol et convient à la plantation sur des terres sèches produisant de l'acide. Le manioc planté sur des sols bien drainés, une couche de sol profonde, un sol meuble, une matière organique riche et un pH de sol de 6,0 - 7,5 a un rendement élevé et une bonne qualité. En outre, les feuilles de manioc ont une efficacité lumineuse élevée et les racines nécessitent plus de potassium. Afin de former les racines au tout début de la production, il convient de veiller à l'approvisionnement en potasse.

5. Quelles sont les utilisations du manioc?

Les principales utilisations du manioc sont l'alimentation, le fourrage et le développement industriel. Premièrement, environ 65% des racines mondiales du manioc sont utilisées comme nourriture pour l'alimentation humaine et constituent la principale culture vivrière des pays en développement tropicaux et subtropicaux, fournissant des rations à près de 800 millions de personnes dans le monde. Du point de vue des feuilles, les jeunes feuilles de manioc sont riches en protéines et constituent la principale source de protéines dans les pays africains. Deuxièmement, les racines peuvent être utilisées comme matières premières pour la transformation des aliments: la farine de manioc et les croustilles de manioc sont des ingrédients alimentaires riches en énergie. Troisièmement, les racines de manioc sont l'une des matières premières principales de l'industrie de l'amidon: elles permettent de produire des produits tels que l'amidon de tapioca et l'amidon modifié de manioc. Dans l'industrie de la fermentation, l'amidon de tapioca ou les flocons secs produisent de l'alcool, de l'acide citrique, de l'acide glutamique, de la lysine, du glucose, du fructose, etc., ces produits ont d'importantes applications dans les aliments, les boissons, les produits pharmaceutiques, les textiles (tissus teints) et la fabrication du papier.

En Chine, il était connu dans l'antiquité que le manioc avait une certaine valeur médicinale: l'amidon de manioc est doux et froid, dissipant la chaleur et détoxifiant, refroidissant le sang, éliminant l'œdème, et les feuilles de manioc étant utilisées pour le traitement des plaies. A l'heure actuelle, la racine de manioc est la principale matière première utilisée dans la fabrication de l'amidon, de la transformation de l'alcool et de l'alimentation animale dans le sud de la Chine. Les importations mondiales de manioc en provenance de Chine représentent 80% de la production mondiale de manioc, principalement des copeaux secs, des granulés et de l'amidon de tapioca. Les principaux produits sont les copeaux secs, les granulés et l'amidon de tapioca, la Thaïlande est le plus grand exportateur mondial de produits à base de manioc, et les autres principaux pays exportateurs sont l'Indonésie et le Vietnam. Avec le ralentissement continu du marché international de l'amidon, l'ajustement continu de la structure agricole de la Chine et les réformes du côté de l'offre, l'industrie du manioc évolue dans le sens d'une《foodisation》, complément utile à la transformation et à l'utilisation des aliments de base pour la patate en Chine.

6. Quelle est la répartition de la plantation de manioc?

Selon les statistiques, en 2016, la culture de manioc en Chine a légèrement diminué par rapport à 2015. La superficie totale des plantations était d'environ 334 700 hectares, la production totale de maniocs frais de 7,85 millions de tonnes et le rendement moyen de 23,46 tonnes/ha. La culture chinoise du manioc est principalement concentrée dans les provinces et les régions autonomes du Guangxi, du Guangdong, du Yunnan et de Hainan. Le Guangxi est toujours une grande province plantant du manioc, d'une superficie d'environ 180 000 hectares, d'une production de maniocs frais d'environ 4,32 millions de tonnes, la superficie plantée et la production représentent 55% du pays. Guangdong représente environ 80 700 hectares, la production de maniocs frais est d'environ 1 700 000 tonnes, le Yunnan environ 26 700 hectares, les maniocs frais est d'environ 730 000 tonnes. Hainan a d'environ 21 300 hectares, la production de maniocs frais est d'environ 450 000 tonnes, Fujian a d'environ 10 000 hectares, de maniocs frais d'environ 270 000 tonnes, Jiangxi a d'environ 0,8 million d'hectares, de 210 000 tonnes et d'autres régions représentent environ 0,8 million d'hectares, la production de maniocs frais est de 170 000 tonnes.

7. Quels sont les points principaux de la culture du manioc?

(1) **Culture de la terre.** Selon l'engrais organique d'environ 1 000 – 1 500 kilo par mu*, le sol est labouré et le bloc de sol est cassé et nivelé par un motoculteur rotatif; les machines à arêtes peuvent être striées et plantées dans la zone conditionnée.

(2) **Préparation de la tige de graine.** Couper la tige en sections de 15 à 20 cm, la faire tremper dans une solution contenant 1 000 fois un insecticide et un fongicide liquides pendant 20 minutes et la retirer pour réserver.

(3) **Méthodes de plantation.** La plantation à plat ou la plantation à sillon peut être faite. La plantation peut être réalisée en fonction de l'épaisseur de la couche de sol de trois manières: insertion plate, droite et oblique. Il peut être planté de manière dense et avec un espacement recommandé de 0,8 m × 0,8 m, il peut être planté à plat.

(4) **Gestion de champ.** Y compris le démariage (replantation), la fertilisation, le désherbage et le contrôle des parasites. Le travail de démarriage (replantation), commence environ 20 jours après la plantation et il suffit de conserver 2 plants. S'il manque des plants, les plants doivent être complémentés à

---

* Mu est une unité de mesure non réglementaire, 1 mu correspond à environ 667 m^2. Même dans les suites—note de l'éditeur.

temps. Les travaux de fertilisation utilisent 50 grammes d'engrais composés par trou au moment de la plantation et peuvent être appliqués une fois par an sur le trou 30 à 45 jours après la plantation si la terre est trop maigre. Pour le désherbage, le désherbage de pré-levée est généralement adopté, c'est-à-dire 2 à 3 jours après la plantation, le glyphosate et l'acétochlor sont pulvérisés une fois, selon les conditions météorologiques. Dans des conditions de température élevée, les tétranyques sont extrêmement nocifs, pulvériser des insecticides en temps utile; le flétrissement bactérien est susceptible de se produire les jours de pluie, alors soyez prudent.

(5) **Récolte.** Il peut récolter des racines élargies souterraines 8 à 12 mois après la plantation.

8. Comment le manioc se reproduit-il?

Comme la plupart des dicots de qualité supérieure, le manioc peut être sexuellement multiplié par graines, mais les chromosomes des cellules de manioc sont très hétérozygotes et les caractères de la descendance plantée sont séparés, ce qui ne peut garantir la stabilité et la consistance des plantes. Habituellement, la tige de la plante de manioc est utilisée comme matériau pour la multiplication végétative par bouturage.

(1) **Sélection de la tige de graine.** Lors de la multiplication des tiges, il convient de prêter attention à la qualité des tiges: les tiges matures doivent être sélectionnées comme matériel de multiplication, elles doivent être pleinement matures, solides, complètes et courtes dans les bourgeons, pleines

d'eau dans les tiges, sans ravageurs ni maladies, etc. Les exigences se trouvent dans la norme de l'industrie agricole *Tiges de graine de manioc* (NY/T 356 - 1999) .

(2) **Traitement de la tige de graine.** Après avoir sélectionné la tige, la section coupée doit être traitée. Choisissez généralement la partie centrale et la partie inférieure de la tige, utilisez le bas de la bande de bois pour couper. Si les conditions le permettent, utilisez la tronçonneuse et la scie à chaîne pour couper. L'incision doit être aussi plate que possible et avoir une longueur de 15 à 20 cm, avec au moins 5 points de bourgeon. Les segments de tiges coupées sont plongés dans une solution multipliée par 1 000 avec un sel de biphényle, un ester de bipyrannyle, un alcyne, une guanidine, etc. pendant 20 minutes pour obtenir un effet de prévention des insectes et des maladies, tout en veillant à la protection solaire et à la pluie et planter dans le temps.

(3) **Reproduction de la tige.** En règle générale, les semis de manioc ont lieu début mars, et les semis d'automne et d'hiver sont prévus pour octobre-décembre, sans limitation pour les zones tropicales tel que Hainan. Il est préférable de planter des billons espacés de 0,8 m×0,8 m. En général, 1 000 à 1 200 plants par mu conviennent bien et les variétés individuelles dressées peuvent être plantées correctement.

(4) **Méthodes de plantation.** Les méthodes de plantation ont généralement trois types: insertions plat, oblique et droit. Lorsqu'elles sont à plat, les tiges doivent être enfouies dans la crête ou le trou de plantation de la surface de la crête à une profondeur maximale de 20 cm, dans le sol meuble de la terre arable. Cependant, en raison de la germination lente

des tiges, il est facile de manquer de plantes. Lors de la plantation oblique, le 1/2 - 2/3 de la tige est enterré obliquement dans la surface de la crête ou dans le trou de plantation selon un angle compris entre 15° et 45°. Ce type de méthode de plantation a une émergence rapide et un taux de levée élevé, et il est adapté à la plantation de crêtes dans des terres très humides. Lors de la plantation en ligne droite, la longueur de la tige de 1/2 - 2/3 est insérée verticalement dans le sol, ne laissant que 1/3 de la terre arable. Ce type de méthode est précoce et uniforme, mais les maniocs récoltés ne sont pas uniformes, la récolte est difficile et le travail est plus approprié. Il convient à la plantation dans la crête de plantation profonde de la couche de sol.

9. Quels sont les principaux ravageurs et maladies du manioc? Comment les prévenir?

(1) **Les maladies principales.** En Chine, le manioc a moins de maladies et moins de dégâts, et n'a pas d'impact sérieux sur la production. Il existe plusieurs types de parasites et de maladies répandus en Chine: reportez-vous aux *Spécifications techniques pour la prévention et le contrôle de la lutte contre les principaux ravageurs du manioc* (NY/T 2046 - 2011).

① Flétrissure bactérienne du manioc. L'une des maladies les plus importantes du manioc, les dommages commencent par des feuilles matures pleinement développées, puis se propagent progressivement de bas en haut. En cas de dommage, le bord ou le bout de la feuille est d'abord infesté, puis des lésions colorées à l'eau apparaissent et se dilatent rapidement. Les lésions débordent souvent du latex jaune, puis les feuilles se fanent et tombent. Dans les cas graves, les tendres pousses ont flétri et même la plante entière est morte. La maladie peut causer plus de 50% de la perte de production. Des cas de Guangxi, Hainan et Guangdong se sont produits, mais aucune épidémie grave. Des bactéricides tels que le thiabendazole, la dexaméthasone, le sulfate de streptomycine agricole, les blattes anti-virus, le chlorpyrifos, la garnipine, le cuivre acacia (DT) et le riz ajouté peuvent être utilisés pour le contrôle chimique.

② Maladie de la tache brune. L'une des maladies courantes de la production de manioc en Chine peut survenir à des températures élevées. Des taches brunes irrégulières sont apparues des deux côtés des feuilles au début de la maladie, leur contour était nettement noir. Il y avait de la poudre d'olive grise sur l'épiderme des feuilles et au stade avancé de la maladie, des feuilles jaunissantes, sèches et effilées. Les feuilles en saison des pluies sont plus graves. Le traitement par pulvérisation peut être effectué avec 50% de poudre d'iprodione, 25% de crème de prochloraz et 25% de crème de propiconazole au début.

③ Maladie de la mosaïque africaine. La maladie s'est déclarée en Afrique, en Amérique du Sud et en Asie du Sud-Est. La couleur des feuilles des jeunes feuilles devient vert pâle ou chlorotique, formant les feuilles, et la zone des feuilles est réduite, recourbée, atrophiée et déformée. Au stade ultérieur, les feuilles sont fanées, les branches sont déformées et les plantes sont naines. La maladie est plus grave pendant la saison des pluies ou la saison froide. La maladie est transmise par les tiges et les insectes toxiques (tels que les aleurodes). Une fois les plantes infectées détectées, il convient de les éliminer à temps, ou de les vaporiser avec l'agent d'extraction d'eau et la ribavirine pour contrôler ou ralentir l'évolution de la maladie. En même temps, faire un bon travail dans la prévention et le contrôle des parasites et éviterons la propagation de virus par les parasites, principalement pour empêcher la propagation de la mouche blanche.

④ Maladie de la bande brune. La maladie est une maladie virale pouvant réduire le rendement et la qualité des racines de manioc. Au début de l'apparition, les petites veines des feuilles matures présentent des symptômes de chlorose pennée, tandis que sur les racines, il existe des taches jaunes ou brunes en forme de liège sur les amyloplastes. C'est comme une irradiation, et l'infection est plus grave au niveau de la cicatrice de la racine, ce qui fait que la racine perd sa qualité alimentaire. La maladie n'est pas clairement contrôlée par les médicaments et les plantes malades ne peuvent être incinérées qu'après la découverte.

⑤ Bundle maladie. La maladie est apparue pour la première fois au Brésil, au Venezuela, au Mexique et au Pérou en Amérique du Sud, après les dégâts, le rendement a perdu plus de 80%; en 2011, elle est apparue dans les provinces de Quang Ngai et de Dong Nai au Vietnam et s'est étendu aux plantations de manioc dans le sud du Vietnam, en Thaïlande et aux Philippines, devenant un nouveau type de maladie qui nuit à la production de manioc en Asie du Sud-Est. La maladie est principalement transmise par les tiges et les insectes sont le principal vecteur. Lorsque la plante est endommagée, elle est courte et présente un grand nombre de bourgeons à feuilles au niveau des nœuds foliaires de la tige entière. Les pousses qui poussent sont courtes et les feuilles sont petites, mais les racines des plantes endommagées sont fines et petites, l'apparence est très rugueuse et la teneur en amidon est également considérablement réduite. Méthodes de prévention et de traitement: premièrement, utiliser des plants sains pour empêcher leur utilisation dans les zones infectées, introduire des variétés de manioc résistantes pour la plantation et prêter attention à la lutte antiparasitaire dans la gestion des champs et actuellement aux médicaments à effets spéciaux.

(2) Les principaux ravageurs.

① Cicadelle en cinabre. Il est courant en Chine et se concentre sur le dos de la feuille. Il endommage d'abord les feuilles matures de la couche inférieure, aspire le jus le long des veines, fait apparaître des taches jaunâtres sur les feuilles supérieures, puis les feuilles supérieures de bas en haut. Dans les cas graves, il est concentré des deux côtés de la lame. En raison de la forte augmentation du nombre de vers, les dernières taches deviennent rouges ou rouillent, entraînant la chute des feuilles. Les feuilles sont détachées et les plantes peuvent être détruites dans des conditions de sécheresse prolongée: pendant la saison des pluies, la plupart des vers sont emportés par la pluie et les dégâts sont réduits. Vous pouvez utiliser la solution d'avermectine EC 3 000 fois, l'agent de suspension de l'ester d'escargot 5 000 fois, le granulé de dispersion de saumure à l'acide benzoïque 4 000 fois, l'agent de suspension à l'étain triazolé, la suspension d'étain triazole 5 000 fois, 50% d'agent de suspension de dibutyléther urée 2 500 fois et 5% de suspension d'oxazolidine 2 500 fois, agent à haute efficacité, faiblement toxique et à faible résidu pour lutter contre les acariens de la feuille de cinabre. Le taux de mortalité sur 24 heures après traitement à l'intérieur et sur le terrain est supérieur à 90%, ce qui peut être largement appliqué dans l'industrie du manioc.

② Acarien à griffe unique pour manioc. Il nuit principalement à la partie croissance de la partie supérieure, à la partie verte des jeunes feuilles et à la tige de la plante. Au début, une petite tache jaune apparaît, puis une grande surface de taches marbrées apparaît, les feuilles sont déformées, la tige devient plus épaisse, brune, les feuilles, les plantes naines et même meurent. Le contrôle chimique est effectué avec une solution à 40% d'ométhoate EC 1 500 - 2 000 fois ou à un insecticide à 25% 1 000 - 1 500 fois.

③ Mouche blanche: Ces dernières années, les risques phytosanitaires ont augmenté d'année en année, en particulier en Afrique et dans les Amériques, et la Thaïlande s'est également intensifiée. A l'heure actuelle, il existe cinq principaux types d'acariens nuisibles au manioc, à savoir Ferrisia virgata, Phenacoccus madeirensis, Paracoccus marginatus, Pseudococcus jackbeardsleyi et Phenacoccus manihoti. Il n'y a que trois espèces en Chine, à savoir Phenacoccusmadeirensis, Paracoccusmarginatus et Phenacoccusmanihoti. Ces dommages sont de deux types: l'un est un danger d'agression directe et l'autre est causé par la formation de moisissure à la surface des feuilles lors de la sécrétion d'aleurodes. Les feuilles endommagées sont jaunes et faciles à tomber. Outre la lutte chimique, la lutte contre ces parasites est principalement contrôlée par les parasites et la prédation des hyménoptères et des diptères.

④ Bemisia tabaci. La mouche blanche est le médiateur du virus de la mosaïque africaine, qui cause de graves dommages en Afrique et en Asie. L'occurrence de la maladie du mildiou est liée au risque de mouche blanche et on peut la trouver toute l'année dans les zones de fortes précipitations. Méthodes de contrôle: Utilisez des ennemis naturels tels que les guêpes ou des pesticides à haute efficacité et peu toxiques.

10. Quelles sont les principales variétés de manioc en Chine?

Les instituts nationaux d'élevage de manioc sont l'Institut de Recherche sur les Ressources Génétiques des Cultures Tropicales de L'Académie d'Agriculture Tropicale de Chine, l'Institut de Recherche sur le Manioc du Guangxi (Institut de Recherche sur les Cultures Tropicales du Guangxi), l'Institut des Cultures Tropicales du Guangxi et l'Université du Guangxi, etc. Il existe 23 variétés principales de sélection et de promotion.

(1) **Huanan 205.** De 1957 à 1959, l'Institut Spécial de Recherche Forestière de Chine du Sud (anciennement l'Institut de Recherche sur les Cultures Tropicales de Chine du Sud) a testé plus de 20 variétés introduites des Philippines entre 1930 et 1940, et le programme de sélection a été choisi et baptisé Huanan 205. L'application a été promue vers 1960. La variété a une forte adaptabilité et s'est répandue dans toutes les zones de production nationale, c'est la plus grande variété à haut rendement en Chine. Ses principales caractéristiques sont les tiges naines, les tiges brunes, peu de branches et

une hauteur de plante de 1,5 à 2,5 mètres, qui sont plus résistantes au vent. Les feuilles ont 7 - 9 fissures, les lobes sont étroits et longs, linéaires et le pétiole est rouge. Les maniocs sont concentrés et les morceaux de manioc sont nombreux et épais, ils sont coniques et faciles à récolter. La teneur en matière sèche des racines est de 35% à 40%, la teneur en amidon de manioc frais de 28% à 30% et la teneur en acide cyanhydrique de 7 à 9 mg pour 100 grammes. Une variété à maturité moyenne, il peut être récolté 8 mois après la plantation, cultivé dans un endroit à grain moyen, et 2 à 3 tonnes de manioc frais par mu.

(2) **Huanan 124.** En 1980, l'Institut de Recherche sur les Cultures Tropicales de Chine du Sud a été choisi parmi les hybrides naturels de Huanan 205. Il a été approuvé par le Comité national d'approbation des variétés de cultures en 1990 et porte le numéro GS 05003-1990. La variété a une forte capacité de germination, une croissance rapide, une bonne croissance, une résistance à la sécheresse et au froid et une forte adaptabilité. Elle peut être cultivée dans divers sols. La hauteur de la plante est de 1,8 à 3,0 mètres, la tige est vert grisâtre, les branches principales de la tige sont hautes, l'angle du talle est petit, les feuilles sont denses et la forme de plante est dispersé. Lobes du limbe des feuilles étroits, épais et verts épais, pétiole brun-violet clair. Les maniocs sont concentrés et peu profonds, et le bloc de manioc est grand, de taille uniforme et long en forme de cône. La peau de manioc est fine, jaune pâle, de viande délicate, d'une teneur en matière sèche de 35% à 40%, d'une teneur en fécule de manioc frais de 28% à 30% et de 4

à 5 mg pour 100 g de cyanure d'hydrogène. Une variété à maturité mi-tardive. Il peut être récolté 8 à 9 mois après la plantation, en général 2 à 3 tonnes par mu, mais la résistance au vent de cette variété est légèrement médiocre. Il est préférable de choisir un abri dans la zone du typhon.

(3) **Huanan 6068.** En 1960, l'Institut spécial de recherche forestière du sud de la Chine a examiné et achevé le programme de sélection des clones des hybrides naturels de Huanan 101, et l'a baptisé Huanan 6 068, qui a été promu et appliqué. Cette variété est une variété sucrée comestible à haut rendement qui a été identifiée et promue en 1980. Ses principales caractéristiques sont que la hauteur de la tige est modérée, la couleur de la tige est brun jaunâtre, les feuilles sont larges, les pétioles sont rouges, les branches de la tige principale sont hautes, l'angle de ramification est petit et la frome de plante est dense, convenant à la plantation rapprochée et à la culture associée. Précoce, récolté 7 à 8 mois après la plantation, rendement moyen, généralement de 1 à 1,5 tonne par mu, jusqu'à 3 tonnes. Les maniocs sont concentrés, la partie peu profonde est facile à récolter et la pomme de terre est épaisse. La peau externe est brune et l'endothélium est rougeâtre. La teneur en matière sèche des racines est de 40% à 45%, la teneur en amidon de manioc frais de 30% à 35% et la teneur en acide cyanhydrique de 4 à 5 mg pour 100 grammes. La chair est blanche et de poudre de pin et le goût est bon. La culture dans un bon endroit, la qualité de rendement est meilleure. Cependant, la résistance au vent est faible et il devrait être cultivé dans quelques zones peu de typhon.

(4) **Huanan 101.** Aussi connu sous le nom de manioc rouge ou pain de Malaisie, introduit en 1912 de la Malaisie, il s'agit de la plus ancienne variété comestible cultivée en Chine et de la plus ancienne variété cultivée à Hainan. Elle a une croissance vigoureuse avec une hauteur de plante de 2 à 3 mètres, la peau de la tige est brun grisâtre et l'endothélium est vert foncé. Les feuilles sont vertes larges et le pétiole est violet. La racine est brune foncée et l'endothélium est rouge violacé. Les maniocs sont plus dispersés, plus profonds dans le sol, le manioc frais est cylindrique, la tige a une tige de manioc lignifiée, la tige de manioc a plus de cellulose, la teneur en amidon de manioc frais est de 30% à 35% et la teneur en matière sèche est de 40% à 45%. La teneur en acide cyanhydrique pour 100 grammes de manioc frais est inférieure à 5 mg. Bon goût, doux et délicieux. Une variété sucrée à maturité précoce et moyenne, elle peut être récoltée de 7 à 8 mois après la plantation, mais le rendement est faible, généralement autour de 1 tonne par mu.

(5) **Huanan 102.** Aussi connu sous le nom de manioc de riz gluant, introduit de la Malaisie, principalement distribué dans la partie nord de Hainan, avec la plupart des cultures à Ding'an. La tige principale a un angle de ramification plus grand et la cime est développée. Les tiges sont brun jaunâtre et présentent des points de décalage rouges sur les tiges. Les feuilles sont larges et le pétiole est jaunâtre. Les racines sont cylindriques, profondément enfoncées dans le sol, brunes à la peau externe, rugueuses et rouge foncé à l'endothélium. La teneur en amidon de manioc frais est comprise entre 30 et 35%, la teneur en matière sèche de 40% environ et la

teneur en acide cyanhydrique pour 100 grammes de manioc frais de 4 à 5 mg. Précoce, récoltée 6 à 7 mois après la plantation, généralement environ 1 tonne par mu, adaptée à la culture dans les zones de haute latitude.

(6) **Huanan 201.** Également connue sous le nom de Nanyanghong ou Zhongguan Hongwei, introduite de Malaisie en 1935, il s'agit de la principale espèce reproductrice de la région de production chinoise suite de Huanan 205. Ses plantes sont hautes, vigoureuses, avec de grandes feuilles et des pétioles pourpres. Les maniocs sont concentrés et faciles à récolter. Les racines sont longues et larges et en forme de fuseau, avec une peau jaune brun et un endothélial rosé. La teneur en amidon de pomme de terre fraîche est comprise entre 25% et 30%, la teneur en matière sèche de 37%. Chaque tranche de 100 g de manioc frais a une teneur en acide cyanhydrique de 9 - 14 mg, un produit à rendement élevé et à maturation tardive. Il ne peut être récolté que 9 mois après la plantation et le rendement moyen est de 1,5 à 2 tonnes par mu.

(7) **Huanan 8002.** L'ancien Institut de Recherches sur les Cultures Tropicales de Chine du Sud a utilisé les clones d'origine d'hybrides naturels D 42. Ces clones ont été évalués et identifiés au bout de nombreuses années, puis élevés en 1980 et promus en 1986. La variété présente les caractéristiques suivantes: taux de germination élevé, émergence rapide, croissance soignée et croissance forte. La hauteur de la plante est de 1,5 à 2,5 mètres, la branche supérieure est en retard, la partie ramification est haute, la branche est courte et compacte, elle convient à la plantation rapprochée

et à la culture intercalaire. La tige a une épaisseur modérée, une feuille dense et une longue vie de feuille. Il est tolérant à la sécheresse et au froid et a une grande adaptabilité. Les maniocs sont concentrés, le bloc de manioc est épais et sa taille est uniforme, peu profonde et facile à récolter. Mauturité moyenne. Il peut être récolté 8 mois après la plantation. Le rendement moyen par mu est de 2 – 3 tonnes, la teneur en matière sèche des racines de 37% à 40%, la teneur en amidon frais de 28% à 30% et la teneur en acide cyanhydrique pour 100 g de manioc frais est de 4 – 6 mg. C'est une excellente variété à utiliser dans l'élevage et l'industrie.

(8) **Huanan 8013.** De l'ancien Institut de Recherche sur les Cultures Tropicales de Chine du Sud, le manioc en pain était utilisé comme parent féminin et Dongguan Hongwei en était le parent masculin. Il a été élevé en 1982 et a été promu et appliqué en 1986. La tige résiste au stockage, émerge rapidement, se développe proprement, la branche supérieure est modérée, les branches sont courtes et concentrées, la forme de plante est compact et la tige est dure. Les feuilles sont larges, les feuilles sont denses, les maniocs sont cernés, le manioc est épaisse et la taille est uniforme. La teneur en matière sèche des racines est d'environ 40%, la teneur en amidon de manioc frais est de 28% à 32% et la teneur en acide cyanhydrique pour 100 grammes de pomme de terre fraîche est de 3 à 4 mg. A maturité et à un stade précoce et moyen, il peut être récolté 7 à 8 mois après la plantation et le rendement est de 2 à 3 tonnes par mu.

(9) **Huanan 5.** Il a été sélectionné par l'Académie d'Agriculture

Tropicale de Chine à l'aide de ZM 8625×Huanan 8 013. En décembre 2001, il a été approuvé par le Comité national d'approbation des variétés fourragères et portant le numéro de variété 219. Huanan 5 a une forte adaptabilité et peut être cultivé dans des zones avec une température annuelle moyenne de≥16 ℃ et une période sans gel de≥6 mois. La variété pousse rapidement, vigoureusement, est résistante à la sécheresse et aux maladies, n'a pas de maladie épidémique, a un bon rendement et une grande adaptabilité. Les maniocs sont concentrés, peu profonde au sol, en forme de palme, avec de gros tubercules, de taille uniforme et un taux de grand manioc élevé. Le type de plante est en forme de parapluie, ne convient pas aux plantations rapprochées, rapide à produire et facile à récolter. Il peut être récolté 8 mois après une plantation avec un rendement élevé. La variété à maturité précoce peut être récoltée 8 mois après les semis à rendement élevé, et le rendement moyen est de 2,5 à 3 tonnes par mu.

(10) **Huanan 6.** Elle a été sélectionnée par l'Académie d'Agriculture Tropicale de Chine à l'aide de souches de descendance hybride naturelle OMR33-10. En décembre 2000, il a été approuvé par le Comité national d'approbation des variétés fourragères et portant le numéro de variété 232. Huanan 6 a une forte adaptabilité et peut être cultivé dans des zones avec une température annuelle moyenne de≥16 ℃ et une période sans gel de≥6 mois. La variété pousse vite, pousse vigoureusement, a un bon rendement, une grande adaptabilité et une forte résistance au vent. Les maniocs sont concentrés, la taille est uniforme, la paume est

plate, le manioc est épais, la taille est uniforme et le taux de grosse manioc est élevé. La variété est à maturité moyenne et précoce, à croissance rapide, fertilisantes, à rendement élevé, récoltées en général pendant 8 mois après la plantation sont de 2,5 à 3 tonnes par mu.

(11) **Huanan 7.** L'Institut de recherche sur les ressources génétiques des cultures tropicales de l'Académie d'Agriculture Tropicale de Chine a utilisé le produit hybride naturel de Huanan 205 pour mener à bien le programme de sélection. En décembre 2004, il a été approuvé par le Comité national d'approbation des variétés fourragères et le numéro de série est le 295. La variété a une forte adaptabilité et peut être cultivée dans une zone où la température moyenne annuelle est≥16 ℃ et la période sans gel d'au moins 6 mois. Huanan 7 a une croissance rapide, une croissance vigoureuse, de grandes tiges, un bon rendement, une grande adaptabilité et une forte résistance au vent. Les maniocs sont concentrés uniformément, la paume est plate et étirée, le fertilisant est élevé et le rendement élevé, le tube pour manioc est grossier, la taille est uniforme et le taux de grosses maniocs est élevé. Le type de plante est en forme de parapluie et la largeur de la cime est grande, il ne faut pas la planter de manière dense. La variété est résistante aux engrais et à la maturité tardive et peut être récoltée 10 mois après la plantation. Le rendement moyen par mu est de 2,5 – 3 tonnes.

(12) **Huanan 8.** L'Institut de recherche sur les ressources génétiques des cultures tropicales de l'Académie

d'Agriculture Tropicale de Chine a eu recours à la descendance hybride naturelle CMR 38-120. Elle a été approuvée par le Comité National d'Approbation des Variétés de Plantes Fourragères en décembre 2004. La variété n° 296 de Huanan 8 a une forte adaptabilité et peut être cultivée dans des zones où la température moyenne annuelle est≥16 ℃ et la période sans gel est d'au moins 6 mois. La tige résiste au stockage, a un fort pouvoir germinatif, une croissance rapide, une croissance forte, un bon rendement et une grande adaptabilité, ainsi qu'une forte résistance au vent. Les maniocs sont concentrée, peu profonde, en forme de palme, facile à récolter, résistante aux engrais, à rendement élevé, à gros tube pour manioc, à la taille uniforme et au taux de gros manioc élevé. Il peut être récolté 10 mois après la plantation et le rendement moyen par mu est de 2,5 – 4 tonnes.

(13) **Huanan 9.** L'Institut de recherche sur les ressources génétiques des cultures tropicales de l'Académie d'Agriculture Tropicale de Chine a utilisé le descendant clonal de l'excellent matériel génétique de manioc collecté à Hainan pour mener à bien le programme de sélection, qui a été approuvé en novembre 2005 par le Comité national d'Approbation des variétés fourragères, le numéro est de 320. Huanan 9 est très adaptable et peut être cultivée dans des zones où la température annuelle moyenne est≥16 ℃ et la période sans gel d'au moins 6 mois. Les plantes poussent vite, vigoureusement, ont un bon rendement, une grande adaptabilité et une forte résistance au vent. Les maniocs sont concentrés de manière uniforme, peu profonde, en

forme de palme, facile à récolter, résistante aux engrais, à rendement élevé, à gros tubercules, de taille uniforme, à taux élevé de gros manioc, à une grande adaptabilité et peut être cultivée partout dans la zone de production. Les tiges sont résistantes au stockage, puissantes en germination et rapides en émergence. Une variété à maturité moyenne et précoce pouvant être récoltée 7 mois après la plantation et le rendement moyen par mu est de 2 à 2,5 tonnes.

(14) **Huanan 10.** L'Institut de recherche sur les ressources génétiques des cultures tropicales de l'Académie d'Agriculture Tropicale de Chine a utilisé la descendance hybride CM 4042×CM 4077 pour mener à bien le programme de sélection, qui a été approuvé en décembre 2006 par le Comité national d'approbation des variétés fourragères, portant le numéro 335. Huanan 10 est très adaptable et peut être cultivée dans des zones avec une température annuelle moyenne ≥16 ℃ et une période sans gel d'au moins 6 mois. La variété pousse vite, prospère, a un bon rendement et présente une forte résistance au vent. Les maniocs sont concentrés, peu profonde, en forme de palme, facile à récolter, résistante aux engrais, à haut rendement, à gros tube, de taille uniforme, à taux de pomme de terre élevé, à grande adaptabilité, et peut être cultivée dans la zone de plantation. La tige est résistante au stockage, a un fort pouvoir germinatif et est rapide à émerger. Elle peut être récoltée 10 mois après la plantation. Le rendement moyen par mu est de 2,5 - 3 tonnes.

(15) **Huanan 11.** Il a été sélectionné par l'Institut de recherche sur les ressources génétiques des cultures tropicales de

l'Académie d'Agriculture Tropicale de Chine par le biais des clones BRA 900 hybrides naturels introduits F_1 par CIAT. Cette variété a un bon rendement et une grande adaptabilité. Le rendement moyen par mu des racines est d'environ 2,61 tonnes, soit 49,89% de plus que celui du SC 205 planté à grande échelle, le taux de matière sèche des racines et la teneur en amidon sont respectivement de 41,27% et 33,02%, soit 1,26 points de plus que Huanan 205 et 1,01 points de plus.

(16) **Huanan 12.** Il a été sélectionné parmi la génération F_1 du croisement OMR 36-34-1 (mère)×ZM 99247 (père) par l'Institut de Recherche sur les Ressources Génétiques des Cultures Tropicales de l'Académie d'Agriculture Tropicale de Chine. Le numéro est de 2014001. La variété a un bon rendement, un goût frais et une grande adaptabilité. Le rendement moyen par racine de mu est d'environ 2, 67 tonnes, soit 48,06% de plus que celui du SC 205 actuel, tandis que le taux de matière sèche et la teneur en amidon sont de 42,19% et 31,11%, respectivement, de 2,51% et 1,86% plus que la variété Huanan 205.

(17) **Huanan 13.** Il a été sélectionné parmi les espèces SC 8013 par l'Institut de recherche sur les ressources génétiques des cultures tropicales de l'Académie d'Agriculture Tropicale de Chine et porte le numéro 2015001. La variété a un bon rendement, une forte résistance aux parasites et aux maladies et une grande adaptabilité. Le rendement moyen par mu des racines est de 2,57 tonnes, soit 41,86% de plus que celui du SC 205 planté à grande échelle. Le taux de matière sèche et la teneur en amidon sont de 41,91%

et 29,58%, respectivement, soit 3, 66% de plus et 0,51% de plus que la variété de contrôle Huanan 205. La variété est résistante au flétrissement bactérien et à la cicadelle.

(18) **Huanan 14.** La descendance hybride du CM 4042 comme mère et CM 4077 comme père, a été utilisée par l'Institut de recherche sur les ressources génétiques des cultures tropicales de l'Académie d'Agriculture Tropicale de Chine, et porte le numéro 2016001. La variété a un bon rendement, une grande adaptabilité et une forte résistance au vent. Le rendement moyen par racine mu est d'environ 2,59 tonnes, soit 46,71% de plus que celui de la variété SC 205 actuelle, avec un taux de matière sèche de 41,44%, une teneur en amidon de 31,08% et une teneur en acide cyanhydrique de 5,27 mg. Cette variété présente une dégradation physiologique post-récolte (PPD) et ne semble pas être PPD si elle est conservée à température ambiante (25 ℃) pendant plus de 15 jours.

(19) **GR 891.** La variété de manioc à haut rendement et à rendement élevé GR 891, qui a été sélectionnée parmi la descendance de la graine hybride de manioc SM 1113 introduite par l'Institut de Recherche sur les Cultures Tropicales du Guangxi du Centre international d'Agriculture Tropicale, a été approuvée par le Comité national d'approbation des variétés fourragères en décembre 1997. Le GR 891 a une forte adaptabilité et peut être cultivé dans des zones avec une température annuelle moyenne de ≥16 ℃ et une période sans gel de≥6 mois. La variété pousse vite, pousse vigoureusement, a un bon rendement, une grande

adaptabilité et une forte résistance au vent. Les maniocs sont concentrés, peu profond, en forme de palme, facile à récolter, les tubercules de manioc de taille uniforme peuvent être cultivés dans la région. Les tiges sont densément tassées, ce qui favorise le stockage et la reproduction. Elle possède un fort pouvoir germinatif et une levée rapide. Elle peut être récoltée 8 mois après la plantation et le rendement par mu est de 1,5 à 2,5 tonnes.

(20) **GR 911.** La variété de manioc à haut rendement et à rendement élevé GR 911, qui a été sélectionnée en 1991 à partir de la semence hybride de manioc introduite par l'Institut de recherche sur les cultures tropicales du Guangxi du Centre International d'Agriculture Tropicale, a été approuvée par le Comité national d'approbation des variétés fourragères en décembre 1998. La variété GR 911 a une forte adaptabilité et peut être cultivée dans des zones avec une température annuelle moyenne≥16 ℃ et une période sans gel d'au moins 6 mois. Il pousse vite, pousse vigoureusement, a un bon rendement, une grande adaptabilité et une forte résistance au vent. Les maniocs sont concentrés, la palme est plate, facile à récolter et peut être cultivé dans diverses zones. La tige est résistante au stockage, a un fort pouvoir germinatif et peut émerger rapidement: elle peut être récoltée 9 mois après la plantation et le rendement par mu est de 2,2 - 2,8 tonnes.

(21) **Nanzhi 199.** L'Institut Botanique de Chine du Sud (sous l'Académie des Sciences de Chine) a examiné les semis de

tubes à essai introduits du Paraguay en Amérique du Sud en 1991. Une variété de manioc à haut rendement et riche en amidon, cultivée en 1995. Nanzhi 199 a une forte adaptabilité et peut être cultivé dans des zones avec une température annuelle moyenne de≥16℃ et une période sans gel de ≥ 6 mois. La variété pousse vite, pousse vigoureusement, a un bon rendement, une grande adaptabilité et une forte résistance au vent. Les maniocs sont concentrés, eu profonde, en forme de palme, facile à récolter, résistante aux engrais, à haut rendement, de taille uniforme, et peut être cultivée dans toutes les régions. Les tiges sont résistantes au stockage, ont un fort pouvoir germinatif et peuvent émerger rapidement: elles peuvent être récoltées 8 à 9 mois après la plantation et le rendement par mu est de 1,5 à 3 tonnes.

(22) **Nanzhi 188.** Sélectionné par le Centre International d'Agriculture Tropicale, l'Institut de Recherche sur les Cultures Tropicales de Chine du Sud de l'Académie d'Agriculture Tropicale de Chine a présenté les variétés populaires de manioc comestibles en 1981. Nanzhi 188 a une forte adaptabilité et peut être cultivé dans des zones avec une température annuelle moyenne≥18 ℃ et une période sans gel d'au moins 6 mois. La variété pousse vite, pousse vigoureusement, a un bon rendement, une grande adaptabilité et une forte résistance au vent. Les maniocs sont concentrés, eu profonde, en forme de palme, facile à récolter, résistante aux engrais, à haut rendement, de taille uniforme. La tige résiste au stockage, possède un fort pouvoir germinatif, émerge rapidement et ne tolère pas le froid: elle peut être

récoltée 8 mois après la plantation et le rendement par mu est de 2,5 – 3 tonnes.

(23) **Guire 4.** La variété de manioc BAR 164, une progéniture hybride naturelle SM 1600 introduite par le Centre International d'Agriculture Tropicale (CIAT), a été systématiquement sélectionnée par l'Institut de Recherche sur les Cultures Tropicales du Guangxi (CIAT). En 2011, elle a été évaluée avec succès par le gouvernement de la région autonome Zhuang du Guangxi et promue dans le Guangxi. La plante est compacte, dressée et non ramifiée, avec une hauteur de plante de 1,8 à 3,0 m et un fort potentiel de croissance. Les maniocs sont concentrés, peu profonde, allongée horizontalement, la taille du bloc de manioc est uniforme, le manioc frais est longue et conique, la peau du manioc est mince et lisse, la résistance à la sécheresse est forte, le taux de germination est de 95,8%, la teneur en amidon de 25,4% à 29,1%, le rendement moyen par mu est de 2,5 à 3,9 tonnes.

11. Quelle est la situation générale du développement de l'industrie chinoise du manioc?

Depuis 2013, en raison du faible prix des matières premières de manioc et de l'adaptation de la structure de plantation dans certaines zones, la superficie et la production de manioc en Chine ont légèrement diminué en 2016 par rapport à 2015. La superficie totale de plantation est d'environ 334 700 hectares et la production totale de maniocs frais de 7,85 millions de tonnes. Le rendement moyen est d'environ 23,46 tonnes/hectare. La culture chinoise du manioc est principalement concentrée dans les provinces et régions autonomes telles que le Guangxi, le Guangdong, le Yunnan et le Hainan. Le Guangxi est toujours la plus grande province du pays pour la culture du manioc, avec une superficie d'environ 180 000 hectares. La production de maniocs frais est d'environ 4, 32 millions de tonnes, la superficie plantée et la production représentent 55% du pays. Guangdong a environ 80 700 hectares, la production de maniocs frais est d'environ 1,70 million de tonnes, Yunnan a environ 26 700 hectares, le manioc frais est d'environ 730 000 tonnes, Hainan a d'environ 21 300 hectares, le manioc frais d'environ 450 000 tonnes et Fujian a d'environ 10 000 hectares, de maniocs frais La production est d'environ 270 000 tonnes, celle de Jiangxi d'environ 0,8 million d'hectares, la production de maniocs frais d'environ 210 000 tonnes, les autres superficies d'environ 0, 8 million d'hectares et la production de maniocs frais de 170 000 tonnes.

Le commerce chinois des produits à base de manioc comprend les maniocs frais, les comprimés séchés, les granulés et l'amidon de tapioca. Les usines nationales de traitement de l'amidon ont commencé à produire les unes aprèsles autres en novembre 2016. Le prix d'achat des maniocs frais a baissé par rapport à la même période de l'année précédente. Il existe des différences entre les régions. La région de Hainan se situe principalement entre 400 et 430 yuans/tonne, la plus grande partie du Guangxi est entre 430 et 520 yuans/tonne, quelques offres entre 370 et 400 yuans/tonne; le prix du Jiangxi est légèrement supérieur (500 – 550 yuans/tonne) et la performance de l'amidon domestique à la fin de décembre 2016 est relativement stable. Les fabricants de la région de Hainan offrent 2 800 yuans/tonne; Guangxi bas de gamme prix de l'amidon 2 800 – 2 900 yuans/tonne, prix de l'amidon moyen 3 000 – 3 100 yuans/tonne, offre d'amidon haut de gamme de 3 200 yuans/tonne; Fujian a essentiellement maintenu 3 000 – 3 300 yuans/tonne. En 2016, dans l'ensemble, l'offre du marché est toujours restreinte et ne peut pas répondre à la demande de l'industrie de transformation du manioc. En raison de la forte demande du marché chinois du manioc et du faible prix des cosses de manioc et de l'amidon de tapioca internationaux, la plupart des cossettes de manioc et de la fécule de tapioca sont principalement importés et le volume d'importation de produits à base de manioc est beaucoup plus important que la production nationale.

12. Où sont les entreprises dominantes dans le traitement du manioc en Chine?

Guangxi est la principale zone de production de manioc en Chine, avec près de 100 usines de traitement de l'amidon de manioc et près de 10 usines de transformation de l'alcool de manioc, Ces entreprises de transformation sont principalement concentrées à Nanning, Beihai et Guiping dans le Guangxi, et sont les zones dominantes pour la transformation du principal amidon de tapioca en Chine. En outre, les provinces chinoises du Sichuan, du Henan, de Tianjin, du Qinghai et d'autres ont également un petit nombre d'entreprises de traitement de l'alcool de manioc utilisant des comprimés séchés de manioc comme matières premières, dont Henan Tianguan et le Guangxi COFCO Group sont de grandes entreprises de production nationale d'alcool de manioc, avec une production annuelle d'environ 200 000 tonnes.

13. Quel est l'avantage comparatif de la culture de manioc en Chine par rapport à la canne à sucre?

L'avantage comparatif de l'agriculture fait référence à la comparaison des intrants et de la production et des coûts-avantages de l'agriculture dans les conditions du système économique du marché. L'avantage comparatif de l'agriculture est une norme importante qui reflète le profit relatif de la production agricole et mesure l'efficacité de la production agricole. La canne à sucre et le manioc sont des cultures importantes dans les régions sèches du sud de la Chine et constituent la principale matière première pour la transformation du sucre, de l'amidon et de l'alcool. Ils sont principalement plantés dans des terres dénudées, des pentes douces et des collines, et constituent la principale source économique de zones montagneuses chaudes et subtropicales pauvres. Ses avantages économiques sont affectés par des facteurs tels que les fluctuations des prix sur les marchés nationaux et étrangers, les politiques de l'industrie agricole des gouvernements locaux et les niveaux de transformation des produits agricoles. Par exemple, le prix de l'amidon sur le marché international est resté stable et élevé entre 2005 et 2010. Le gouvernement de la région autonome Zhuang du Guangxi a développé le secteur avec vigueur et a proposé le plan d'ajustement de la《réduction de la canne à sucre et le développement du manioc》, tandis que les avantages économiques de le traitement du fucus et de l'amidon modifié deviennent de plus en plus avancés, les avantages économiques comparatifs du manioc sont nettement supérieurs à ceux de la canne à sucre. Après 2010, en raison de l'évolution des prix du sucre au pays et à l'étranger et du prix toujours bas du pétrole, le prix de l'amidon de tapioca a commencé à chuter à un prix de revient de 2 800 yuans/tonne à la fin de 2013. Les avantages comparatifs du manioc sont nettement inférieurs à ceux de la canne à sucre. L'industrie du manioc au Guangxi s'est rapidement contractée et des industries telles que la canne à sucre et les arbres fruitiers se sont progressivement développées.

L'entrée dans le《13ème plan quinquennal》de l'industrie du manioc prend le chemin de la nourriture principale et des avantages, et le prix unitaire des racines de manioc devrait passer de 0,4 à 4,0 yuans le kilo, ce qui peut considérablement améliorer l'efficacité des plantations, ce qui est conforme aux exigences de la restructuration de l'industrie agricole et de la réforme de l'offre.

14. Quelles sont les caractéristiques de l'industrie du manioc en Chine?

(1) **La zone de plantation vers le nord devrait être agrandie.** En tant que culture céréalière de grande qualité et à rendement élevé, la transplantation de manioc au nord est une stratégie importante pour le développement de l'industrie chinoise du manioc au cours des dernières années. Avec la maturité des essais de plantation et des expériences de démonstration et de promotion dans le Hunan, le Zhejiang, le Shandong, le Xinjiang et d'autres provinces, il est prévu de promouvoir davantage la zone de plantation de démonstration dans la

zone pilote et de réaliser le développement à grande échelle de l'industrie.

(2) **L'initiative nationale《la Ceinture et la Route》a permis à l'industrie du manioc de se développer.** Sous l'impulsion de l'initiative《la Ceinture et la Route》, les entreprises chinoises de traitement du manioc et les instituts de recherche sont sortis du pays pour établir une base de démonstration de la culture du manioc à l'étranger, ce qui a favorisé le développement de l'industrie locale du manioc et élargi la source de matières premières pour les entreprises de traitement en Chine. Grâce à l'initiative nationale de développement《la Ceinture et la Route》, l'industrie du manioc peut utiliser les ressources favorables des pays de l'ANASE pour établir des bases de production de matières premières, diversifier les sources de matières premières et promouvoir le développement simultané des marchés nationaux et étrangers. Avec la plate-forme de coopération régionale existante et efficace, les échanges d'expérience et la technologie de production et de traitement du manioc, établir activement des bases de production de manioc et des usines de traitement dans les pays voisins afin de garantir un approvisionnement sûr en manioc et ses produits traités. Développer activement des partenariats économiques avec des producteurs de manioc d'Asie du Sud-Est et d'Afrique. Il est propice à la création conjointe d'une communauté de confiance politique mutuelle, d'une intégration économique et d'une inclusion culturelle: communauté d'intérêt, communauté de destin et communauté de responsabilité.

(3) **Le processus de diversification du manioc a été poursuivi.** Le

manioc est progressivement transformé de matières premières industrialisées à une utilisation diversifiée de la consommation et du fourrage de manioc. En Chine, la recherche et le développement concernant les aliments à base de manioc sont rapides, de nouveaux produits font leur apparition, la gamme d'applications est progressivement élargie et le marché des aliments à base de manioc est bien organisé; la voie d'utilisation des aliments pour animaux a été encore élargie et le domaine d'application comprend le bétail et la volaille, et l'effet de l'application est très remarquable.

(4) **La mécanisation de la production de manioc est encore accélérée.** Les recherches sur les machines à planter et à récolter le manioc en Chine ont donné des résultats remarquables. Cependant, à l'heure actuelle, les machines de plantation de manioc en Chine ne conviennent que pour les plantations à grande échelle, la production de manioc se développe dans la région du nord et la mécanisation du manioc sera renforcée.

(5) **La recherche applicative de produits dérivés de haute valeur ajoutée a été continuellement renforcée.** Avec l'approfondissement de la recherche appliquée sur le manioc et ses produits traités, l'utilisation des ressources en manioc et ses sous-produits de produits traités est imminente. La recherche applicative à haute valeur ajoutée, telle que la maturation des sous-produits, les technologies de traitement des aliments pour animaux et sans danger, a donné certains résultats, en ligne avec le développement industriel et les exigences nationales de développement stratégique.

(6) **Le procédé de miniaturisation du manioc, la technologie de 《simplification》, est progressivement promue.** La promotion

de la technologie de 《simplification》 et la démonstration de la farine de tapioca et de sa miniaturisation alimentaire ont été progressivement promues, ce qui non seulement enrichit les aliments de table, mais fournit également de nouvelles idées pour résoudre le problème du manque de résistance du manioc frais au stockage et pour améliorer l'efficacité de la plantation de manioc.

15. Quelles sont les perspectives de développement de l'industrie du manioc en Chine?

En 2008, la Chine a mis en place le système technologique national de les industries du manioc, et l'institut de recherche national sur le manioc ont conjointement mené à bien la construction du système industriel du manioc afin de servir le développement sain et durable de l'industrie du manioc au pays et à l'étranger. En 2010, le Conseil d'État a reconnu que le manioc était l'une des principales cultures tropicales développées par la Chine.

(1) **De nouvelles technologies et de nouveaux équipements de traitement sont à la base de la modernisation de l'industrie du manioc.** Avec la diversification du manioc en Chine, les nouvelles technologies et les nouveaux équipements pour le traitement précoce du manioc et l'utilisation complète des sous-produits ont fait l'objet d'une grande attention. Selon la technologie existante et le stockage des équipements, par le biais de la recherche, du traitement, de la recherche et du développement, de la démonstration et de la promotion communes de nouvelles technologies et de nouveaux équipements

afin de répondre aux besoins de la réforme de l'offre industrielle.

(2) **Lutte précise contre la pauvreté et développement commun.** Pendant longtemps, le manioc a été la principale culture économique de la zone chaude et a apporté les contributions voulues au service pour accélérer les 《trois problèmes ruraux》. Sous l'impulsion de l'esprit du Document central n° 1 en 2017 et de l'appel de l'ère《Internet+》, la promotion de la technologie de《simplification》du manioc dans le village est une mesure importante pour accélérer le rythme de réduction de la pauvreté dans les zones montagneuses touchées par la pauvreté.

(3) **Coopération internationale, bénéfice mutuel.** Dans le cadre de l'initiative nationale《la Ceinture et la Route》, le manioc est une culture vivrière dans de nombreux pays le long de《la Ceinture et la Route》. Ce sera une culture pionnière de la diplomatie scientifique et technologique de la Chine, en ligne avec les besoins de l'initiative nationale de développement《la Ceinture et la Route》, et devrait se développer dans un proche avenir. Tout en constituant le marché intérieur, l'industrie du manioc doit répondre aux besoins du pays et renforcer la coopération afin d'instaurer une coopération mutuellement bénéfique avec les pays le long de la route.

16. Quels sont les principaux problèmes de l'industrie chinoise du manioc à l'heure actuelle et quelles sont les mesures?

(1) **Les principaux problèmes.**

① Les matières premières nationales du manioc ne répondent

toujours pas à la demande du marché. La superficie de production nationale de manioc est réduite et les matières premières sont loin de répondre à la demande du marché. La plupart des matières premières doivent être importées chaque année, la durée de production des entreprises est courte et le taux d'utilisation des équipements de production est faible.

② Absence de bases de reproduction améliorées et promotion lente. En raison du manque de bases de sélection relativement fixes, la sélection et la promotion de variétés à haut rendement, à haute teneur en amidon et à haute résistance sont lentes et insuffisamment promues. Dans le même temps, le personnel de promotion professionnel nécessaire lié aux équipes d'innovation locales fait défaut.

③ L'innovation des produits terminaux n'est pas forte, les avantages ne sont pas élevés et la pression sur la modernisation et la transformation des entreprises de traitement est grande. D'une part, du fait du manque d'innovation dans les produits terminaux, des prix bas, de la faible efficacité et du nombre de petites entreprises de traitement physique avec des chaînes industrielles courtes diminuent, et d'autre part, à mesure que les exigences du pays en matière de protection de l'environnement ont augmenté, de nombreuses entreprises de transformation privées ont beaucoup investi dans la modernisation des technologies de production et des sous-produits.

④ Le risque d'importation de parasites et de maladies dangereux augmente. Au fur et à mesure que les entreprises chinoises développent l'industrie du manioc à l'étranger, elles continuent à renforcer la participation des unités de recherche scientifique à la coopération internationale, et l'échange de ressources et de produits de matériel génétique de manioc sera plus fréquent. Le risque d'importer d'importants organismes nuisibles dangereux tels que la mosaïque, l'arbuscule, la pourriture des racines, la maladie de la striure brune, l'aleurode, la bemisia tabaci et le criquet à patte unique augmente chaque année.

(2) Commentaires et suggestions.

① Mettre en œuvre la politique de subvention des semences de manioc. Il est recommandé d'encourager et de soutenir les subventions et les politiques préférentielles en faveur de la culture du manioc et du traitement des agriculteurs et des entreprises, de promouvoir activement le développement de l'industric du manioc sous différents angles, tels que le financement et la fiscalité, et d'encourager les entreprises et divers organismes de services à participer à la construction de bases de production et de bases de sélection. Sur la base de la zone d'avantage industriel, une zone de démonstration de la production de manioc moderne sera créée pour améliorer la production de semences, l'industrialisation, l'ampleur et la modernisation du secteur de la plantation de manioc.

② Renforcer la coopération internationale et promouvoir la mise en œuvre de l'initiative 《la Ceinture et la Route》 pour le manioc. A l'heure actuelle, la production chinoise de manioc est insuffisante et les importations en provenance de l'étranger continueront d'exister . Les pays exportateurs de manioc comme l'Asie du Sud-Est, tels que la Thaïlande, peuvent dans une large mesure protéger les intérêts des agriculteurs grâce à des subventions gouvernementales et à des politiques de prix d'achat minimum, et disposent d'une voix plus forte sur les prix internationaux du manioc. En tant que principal importateur et consommateur de produits à base de manioc dans le monde, la Chine doit protéger son industrie nationale par une concurrence délocale, inciter les entreprises à échapper à divers risques grâce à la coopération internationale, protéger les divers intérêts des entreprises à l'étranger et encourager les entreprises à s'établir à l'étranger, et promouvoir la mise en œuvre de la stratégie《la Ceinture et la Route》.

③ Guider les entreprises pour qu'elles développent un usage diversifié. Selon les exigences de la réforme nationale de l'offre, combinées au développement actuel de l'industrie agricole, ajuster en temps voulu la structure de l'industrie de traitement du manioc, la recherche et le développement et l'amélioration du processus de traitement du manioc, intégrer et éliminer un certain nombre de petites et moyennes entreprises de traitement du manioc et renforcer le traitement, le traitement en profondeur et l'ajout élevé de produits comestibles au manioc. Soutenir un groupe d'entreprises de pointe de certaine taille de production, améliorer la capacité de traitement et la compétitivité des entreprises de traitement.

④ Renforcer la surveillance et la quarantaine des nuisibles et des maladies dangereuses. Établir dès que possible des techniques d'analyse normalisées pour renforcer la surveillance et la quarantaine des organismes nuisibles dangereux tels que la mosaïque, la maladie de la bande brune, les maladies arbusculaires et les mouches blanches. Il est formellement interdit d'importer tout type de matériel de reproduction et de produits nuisibles en provenance de zones infectées, de procéder à des essais sur le terrain d'organismes nuisibles et de maladies graves dans les principales zones de production de manioc. Faire progresser la mise en place d'un réseau de surveillance et d'alerte rapide pour les ravageurs et les maladies dangereux, renforcer la recherche sur la sélection et l'utilisation innovante du flétrissement bactérien, des maladies virales et du matériel génétique résistant aux parasites et cultiver du matériel génétique et des variétés résistantes.

17. Par rapport à d'autres pays, quels sont les avantages horizontaux de la sélection et des semences du manioc en Chine?

Les principaux avantages se traduisent en trois niveaux:

(1) **L'investissement financier continue d'augmenter.** Depuis le 《treizième plan quinquennal》, l'État a continué d'investir dans la construction de capacités d'innovation en sciences et technologies agricoles, a optimisé la structure des ressources en sciences et technologies agricoles et a consolidé les fondements de l'innovation en sciences et technologies. La Chine a mené des recherches pertinentes dans les domaines de la pré-production, de la mi-production et de la post-production de l'agriculture et a mis en place une plateforme pour les ressources nationales de matériel génétique, les systèmes de transformation génétique et les laboratoires clés, qui peut effectuer des recherches

pertinentes de manière efficace, continue et stable.

(2) **La coopération internationale est de plus en plus fréquente.** Sous la direction de la diplomatie scientifique et technologique en agriculture tropicale et de l'initiative nationale 《la Ceinture et la Route》, L'industrie chinoise du manioc a établi des relations de coopération étroites et à long terme avec de nombreuses unités de recherche sur le manioc telles que le Centre International d'Agriculture Tropicale, l'Institut International d'Agriculture Tropicale, l'Académie Nationale Brésilienne de l'Agriculture et de l'Élevage, le Centre de Recherche et Développement sur Manioc de Thaïlande et l'Université d'Agriculture du Royaume de Thaïlande. La Chine a mis en place des bases de démonstration de la production de manioc au Cambodge, en Indonésie, aux Philippines, en Afrique, au Congo (Brazzaville), au Nigéria et dans d'autres pays afin de résoudre rapidement les points communs industriels et les problèmes prévisionnels. L'industrie des services a également accru le transfert et la transformation des réalisations scientifiques et technologiques de l'industrie chinoise du manioc.

(3) **L'équipe de talent est bien structurée.** La Chine a une excellente équipe de recherche et de personnel venu de l'Académie des Sciences de Chine, de l'Université du Guangxi, de l'Institut de Recherche sur le Manioc du Guangxi, de l'académie chinoise des sciences de l'agriculture tropicale et des académies d'agriculture provinciales connexes et d'autres instituts de recherche scientifique et établissements d'enseignement supérieur. L'équipe et le personnel sont bien structurés. Impliqué dans de nombreux domaines tels que la sélection,

la culture, la transformation et l'utilisation complète, il a également fait appel à des experts étrangers en recherche sur le manioc. La rapidité de la recherche/développement en technologie industrielle est élevée.

Chapitre 2 Techniques de traitement post-récolte du manioc

18. Comment récolter les racines de manioc?

La racine de manioc est une racine de stockage anormale, qui appartient au corps végétatif. Ses caractéristiques physiologiques ne sont pas d'une maturité évidente. Habituellement, les gens le récoltent en fonction de leur rendement en racines et de leur pic d'accumulation d'amidon, utilisés pour le traitement de l'amidon ou des matières premières. En général, la période de croissance de la plupart des variétés peut être récoltée en 8 à 10 mois, et dans quelques zones, elles sont récoltées en 6 ou 24 mois. Le processus de récolte est approximativement le suivant:

(1) **Préparations avant la récolte.**
Choisir le temps ensoleillé pour la préparation avant la récolte, couper la partie au-dessus du sol avec un couteau, ne laisser que la tige principale d'environ 10 cm et conserver la graine.

(2) **Sélection des machines de récolte.** La récolte de racine de manioc est disponible de manière mécanique et semi-mécanique. Parmi celles-ci, la moissonneuse manuelle semi-mécanique peut récolter à l'aide d'une moissonneuse manuelle. Lors de la récolte avec l'extracteur de manioc, la carte d'extrémité de la fourche de la moissonneuse est d'abord enroulée autour de la tige principale du manioc, puis l'autre extrémité est

secouée et levée lentement. La racine de manioc peut être extraite du sol par l'extrémité de la fourche de la récolteuse. Lors de l'utilisation de la moissonneuse, il convient de noter que la force ne doit pas être trop forte, surtout l'humidité du sol est médiocre et le nœud très fort en hiver. Si la force est trop importante et que la tige principale glisse ou se casse, elle peut être excavée manuellement avec une binette, ce qui prend beaucoup de temps et est laborieux.

Sur les pentes douces ou les terrains plats, afin d'améliorer le taux de main-d'œuvre et de réduire l'intensité du travail, la machine à récolter à une ou deux têtes de charrue peut être sélectionnée en fonction de l'échelle de la zone de plantation pour un fonctionnement entièrement automatique des machines à vendanger. L'opération peut être effectuée conformément aux spécifications de l'opération, mais il convient de tenir compte du sens de plantation de la variété de manioc, qui doit être récolté afin de réduire le taux de coupe de maniocs cassés.

19. Quelles sont les machines de récolte du manioc développées en Chine?

Il existe 5 unités en Chine pour le développement de machines à récolter le manioc: Institut de Recherche sur les Machines Hydrauliques du Guangxi Liuzhou, Institut de Recherche sur les Machines Agricoles du Guangxi Nanning, Usine de Transformation de Machines de Henan Kunda, Institut de Recherche sur les Machines de l'Académie des Sciences Agricoles Tropicales du Guangdong Zhanjiang et Station de machines agricoles de Hainan Baisha. Ces unités ont développé des machines de récolte pour différents terrains, zones et modèles.

20. A quels problèmes faut-il prêter attention lors de la récolte des racines de manioc?

La récolte de la racine de manioc doit tenir compte de trois points principaux: le moment de la plantation, le site de la plantation et les conditions météorologiques. La récolte est d'abord basée sur la période de plantation, les habitudes de croissance de différentes variétés et l'environnement écologique régional. Il est nécessaire de disposer d'une période de croissance suffisante pour obtenir un meilleur indice de récolte économique. Et puis, la superficie et la méthode de plantation de la zone de plantation sont également liées à la récolte: si elle est vaste et plate, elle convient à la récolte mécanique automatisée, tandis que la plantation à petite échelle peut être récoltée à l'aide de l'extracteur de manioc. Enfin, il est nécessaire de prendre en compte les conditions météorologiques au moment de la récolte: il est recommandé de récolter les jours ensoleillés. Les jours de pluie, les racines sont trempées de boue et leur teneur en eau se décompose facilement.

21. Quelle est la décomposition des racines de manioc après la récolte?

Le manioc est une culture tropicale et subtropicale: après 2 à 3 jours d'enracinement, le métabolisme physiologique commence à se modifier sous le coup d'une blessure et des stries brunes apparaissent rapidement dans le faisceau vasculaire des racines.

La décomposition après la récolte est un obstacle au stockage des fruits et légumes, à la transformation et à l'utilisation des produits végétaux, et constitue un problème mondial. Selon des statistiques incomplètes, la perte annuelle mondiale due à la décomposition après la récolte peut atteindre 10% à 30% de la production totale. Par conséquent, il est nécessaire d'explorer les facteurs qui affectent la décomposition après la récolte.

22. Quels sont les facteurs impliqués dans la décomposition après la récolte des racines de manioc?

La pourriture après la récolte des racines de manioc comprend deux étapes: la phase de déséquilibre physiologique et la décomposition physiologique, qui impliquent différents processus physiologiques. La décomposition après la récolte est étroitement liée à l'environnement extérieur et aux dommages mécaniques, en plus de l'espèce elle-même.

(1) **Facteurs de variété.** Du point de vue de la taxonomie des plantes, les racines de manioc sont des racines métamorphiques et sont des organes de stockage de l'amidon, leur formation est liée au niveau de la phytohormone racinaire. Tandis que les racines se développaient et accumulaient de l'amidon, la résistance aux racines des racines changeait également, ce qui était significativement corrélé positivement avec le contenu en matière sèche des racines et négativement avec le contenu en caroténoïde.

(2) **Facteurs environnementaux.** Sous les tropiques, une température élevée et une humidité élevée sont l'un des principaux facteurs qui induisent la décomposition des racines de manioc après la récolte. Il a été rapporté que l'incidence de

brunissement des faisceaux vasculaires racinaires est significativement corrélée positivement à la concentration en oxygène et à l'humidité de l'air, c'est-à-dire qu'une concentration élevée en oxygène et une humidité élevée augmentent l'incidence du brunissement des faisceaux vasculaires racinaires, ce qui ne favorise pas leur stockage.

(3) **Dommages mécaniques.** Toute blessure mécanique, même une compression et une abrasion mineures, peut entraîner des modifications variables du taux de respiration des produits horticoles post-récolte et affecter le stockage. De plus, les racines sont riches en substances phénoliques (telles que scopolétine, alcool isodécylique, glycoside d'écorce de marron d'inde, proanthocyanidines, (±) catéchol et (±) gallocatéchine, parmi lesquelles la teneur en scopolétine est la plus élevée.

23. Comment conserver les racines de manioc après la récolte?

En Chine, les racines de manioc sont les principales matières premières industrielles et il n'y a pas de mesures techniques de stockage strictes après la récolte, seulement l'empilement. Avec l'avancement de l'alimentation principale du manioc en Chine, l'utilisation de la nourriture à base de manioc a été progressivement reconnue. A l'heure actuelle, il existe généralement les moyens suivants d'apprendre des pays étrangers:

(1) **Stockage dans sable ou dans le silo.** Les racines de manioc sont séchées après la récolte, puis empilées et enterrées avec du sable fin ou stockées dans la cave. Cette méthode est simple et la durée de stockage n'est que d'environ 10 jours.

(2) **Stockage par le froid.** Après la récolte, tremper les racines pendant 24 heures, peler, laver et stocker au congélateur à 4 ℃. La durée de stockage est de 30 - 45 jours.

(3) **Congélation rapide.** Peler, laver et stocker les racines dans un entrepôt frigorifique à - 20 ℃. La durée de stockage est de 120 - 180 jours.

24. Qu'est-ce que l'endothélial des racines de manioc? Pourquoi l'enlever?

Le manioc est une《culture produisant du cyanure》typique: ses racines et ses feuilles contiennent une grande quantité de cyanure (linamarine et hexaphylline), qui peut former du cyanure toxique par la réaction chimique. Selon la classification botanique, l'endothélial du manioc appartient au phloème de la racine, également appelé péricarpe, qui est la source principale des glycosides cyanogènes (linolénicine) et contient davantage de β-glucosidase. Les glycosides cyanogéniques ne sont pas toxiques en eux-mêmes: ils produisent un ion cyanure (CN^-) libre hautement toxique avec la β-glucosidase à pH 5,0 et à environ 40 ℃. Par conséquent, l'élimination de l'endothélium (le《phloème》) est l'un des aspects essentiels de la sécurité alimentaire.

25. Existe-t-il une machine à éplucher les racines de manioc?

Il existe actuellement de nombreux types de machines à éplucher le manioc au pays, principalement du type à friction et du type à couteau. La liste des technologies de brevets spécifiques est la suivante:

[1] Ni Daguang: Une machine de nettoyage pour éplucher et éliminer les boues sur le manioc à haute efficacité [P]. Shanghai: CN205567736U,2016-09-14.

[2] Ni Daguang: Machine de nettoyage pour éplucher et éliminer les boues sur le manioc [P]. Shanghai: CN205567737U, 2016-09-14.

[3] Hong Man. Une petite machine à éplucher le manioc [P]. Guangxi: CN204104770U,2015-01-21.

[4] Hong Man. Une petite machine à éplucher le manioc [P]. Guangxi: CN104188062A,2014-12-10.

[5] Li Xianqiang. Machine à éplucher en gros le manioc [P]. Guangxi: CN104161291A,2014-11-26.

[6] Ma Qingming. Machine à éplucher les patates [P]. Liaoning: CN204207040U,2015-03-18.

[7] Zhang Zhenwen. Appareil à éplucher les patates [P]. Hainan: CN203828013U,2014-09-17.

[8] Ma Qingming. Machine à éplucher les patates [P]. Liaoning: CN201308089,2009-09-16.

[9] He Xianyong. Machine à souffler et à éplucher les patates [P]. Jiangsu: CN201054966,2008-05-07.

[10] Wu Qingsheng. Éplucheur de patates [P]. Gansu: CN2427077, 2001-04-25.

Cependant, en raison du faible effet de pelage et de l'industrialisation des racines de manioc, les machines à éplucher le manioc en sont encore au stade de la recherche et du développement et des essais pilotes. Il n'y a pas deproduits finis sur le marché et il n'y a aucun cas d'application réussie sur la chaîne de production. A l'étranger, le Nigéria est le premier producteur mondial de manioc et un grand consommateur de manioc. Actuellement, diverses machines à éplucher le manioc à friction ont été développées (voir Tableau 1), mais les racines sont grosses après l'épluchage, la perte est importante, l'efficacité de l'épluchage est faible et l'effet d'application médiocre.

Tableau 1 Principaux équipements de pelage étrangers

Nom de l'appareil	Capacité de traitement et prix	Dessin	Unité responsable	Méthode de contact
Couteau à éplucher en acier doux à main	35 kilo/h, USD19,47		Centre Nigérian de Machines Agricoles	ncam@skan-net. com
Couteau à éplucher	30 kilo/heure	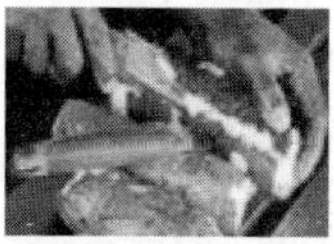	Institut International d'Agriculture Tropicale	foodnct@imul. com
Machine à éplucher PRODA	25 kilo/h, puissance: 5 cv * USD6 364,66		Institut de Recherche de Projet du Nigéria	info@prodaenugu. ng

26. Quelles sont les méthodes de détection courantes du cyanure?

Actuellement, il existe principalement 10 types de méthodes de détection du cyanure au pays et à l'étranger (voir Tableau 2),

* Le cheval-vapeur n'est pas une unité de mesure légale, 1 cv pour une puissance d'électricien de 746 watts.

parmi lesquels le laboratoire de routine adopte la méthode de titrage au nitrate d'argent, facile à utiliser et adaptée à divers échantillons, des bandelettes réactives sont disponibles pour des tests rapides de la qualité de l'eau, mais cette méthode n'est que qualitative et ne peut être quantifiée avec précision.

Tableau 2 Plusieurs méthodes de détection de cyanuration courantes

Unité: mg/litre

Numéro	Méthode de détection	Limite inférieure de détection	Limite supérieure de détection
1	Chromatographie-spectrométrie de masse	0,001	0,02
2	Acide isonicotinique-Spectrophotométrie pyrazolone	0,016	0,25
3	Acide isonicotinique-Spectrophotométrie acide barbiturique	0,01	0,50
4	Méthode à l'acide picrique	0,008	0,015
5	Bleu de Prusse (Pharmacopée Chinoise)	0,005	5,00
6	Méthode à la ninhydrine hydratée	0,02	1,00
7	Titrage au nitrate d'argent	1,00	1,000
8	Papier de test opposé	1,00	20,00
9	Polarographie	0,01	1,00
10	Méthode à l'électrode ionique	0,04	20,00

27. Comment traiter les feuilles de manioc comestible après la récolte?

Le manioc est une culture tropicale et subtropicale avec des racines amylacées (28%), des fibres (1,9%), des matières grasses (1,2%) et des protéines (1,0%). Il s'agit de la principale ration de 700 millions de personnes des pays d'Afrique, d'Amérique du Sud et d'Asie du Sud-Est. L'Organisation des Nations Unies pour l'alimentation et l'agriculture a reconnu que le manioc était l'une des plus importantes cultures vivrières du monde et son impact sur la sécurité alimentaire mondiale est très important. Dans le même temps, de nombreuses études ont montré que les feuilles de manioc sont riches en vitamine C, en vitamines B, en un grand nombre d'éléments (tels que le phosphore, le magnésium, le potassium et le calcium) et en oligo-éléments (tels que le manganèse, le zinc, le fer, le cuivre), etc. Parmi ceux-ci, la teneur en vitamine C de chaque tranche de 100 grammes de manioc frais est comprise entre 231 et 482 mg. C'est un aliment de haute qualité pour l'élevage du bétail et un légume nutritif. En Indonésie, 50 à 70 tonnes de feuilles de manioc fraîches sont consommées comme légumes chaque année. On peut constater que le développement et l'utilisation des feuilles de manioc en tant qu'aliment pour la sélection peuvent non seulement atténuer efficacement la pénurie de protéines, mais également permettre le recyclage des sous-produits et promouvoir le développement sain de l'agriculture recyclée.

A l'heure actuelle, la majeure partie de l'alimentation des feuilles de manioc est basée sur la fermentation de l'ensilage, l'extrait et l'utilisation après séchage. Les animaux élevés comprennent des poules pondeuses, des canards et des cochons. Cependant, les feuilles de manioc contiennent plus de cyanure, qui est séché à 75 ℃ pendant plus de 6 heures, et la teneur en cyanure est inférieure à la norme de sécurité nationale de 100 mg/kg (GB 13078 - 2001), mais ce processus consomme beaucoup d'énergie et de nutriments. En même temps, en raison de la température de séchage élevée, certaines enzymes sont inhibées, voire même détruites, et une partie du substrat cyanuré (glycoside cyanogène) reste dans les feuilles, qui peuvent encore être catalysées pour former du cyanure toxique, qui affecte la qualité de la nourriture. Des études ont montré qu'après la récolte, les feuilles de manioc de maturité différente devaient être traitées: les conditions de traitement du bain d'eau à jeunes feuilles étaient de 70 ℃, 5 heures, et les conditions de traitement du bain d'eau à feuilles mûres étaient de 50 ℃, 4 heures. A 50 ℃ pendant 5 heures, le taux de réduction du cyanure après traitement était supérieur à 90%.

28. A quels problèmes faire attention lors de la récolte des tiges de manioc?

Le manioc peut être propagé, après la récolte, les tiges sont généralement conservées pendant 2 à 4 mois, voire même 5 mois, la qualité des tiges étant étroitement liée à la durée de stockage et au taux de germination des tiges. La sélection des tiges de manioc est la clé pour assurer la culture du manioc. Habituellement, les tiges de manioc sont récoltées en hiver et les points suivants doivent être notés lors de la récolte:

① Temps de récolte. Selon les caractéristiques climatiques des différentes zones de plantation, les tiges de manioc sont récoltées avant le gel, et la période de croissance des tiges est considérée comme appropriée de juillet à octobre.

② Apparence de la tige. Lors de la sélection des tiges de manioc, il est nécessaire de sélectionner les tiges principales qui sont épaisses, uniformes, fortes et ne présentent pas de parasites ni de maladies évidents.

③ Traitement de la tige. Les tiges et les feuilles de manioc sont saillantes, l'épiderme est jeune et il est facile de s'endommager pendant le processus de récolte, ce qui cause la moisissure. Faites attention à la protection de l'oeil du bourgeon, les petits paquets sont légèrement attachés pour réduire les contusions mécaniques.

29. Quelles sont les techniques de stockage après récolte pour les tiges de manioc?

Le stockage des tiges de manioc passant l'hiver a été un problème technique essentiel pour le développement de l'industrie du manioc, en particulier dans le Guangxi Guilin, le Jiangxi, le Hunan et le Fujian. Au cours des années d'expérimentation, plusieurs méthodes de stockage ont été résumées en fonction de différentes conditions écologiques régionales: méthode d'empilage à ciel ouvert, méthode de stockage dans la tranchée et méthode de réservoir dans la cave.

(1) **Méthode d'empilage à ciel ouvert.** Dans un endroit sous le vent, frais et humide, détacher d'abord environ 10 cm de terre arable, puis ériger les boutons de la graine vers le haut (ou horizontalement) sur la terre arable, puis couvrir les dessus et les dessus avec deux couches de paille ou de mauvaises herbes, couvrir le film pour hydrater la crème solaire. Lorsque vous empilez des tiges à l'air libre, la quantité d'empilement ne doit pas être trop grande, et une ventilation appropriée doit être prise pour éviter une température élevée et une humidité élevée susceptibles

d'endommager les tiges et les boutons. Il convient de l'utiliser au Hainan et dans le sud-ouest du Guangxi ou lorsque la température moyenne est supérieure à 15 ℃ en janvier et en février. Si vous rencontrez un temps extrêmement froid et pluvieux pendant une longue période, veillez à protéger le film plastique du froid et de l'humidité afin d'éviter les dommages causés par le gel.

(2) **Méthode de stockage dans la tranchée.** La méthode de stockage en fossé, c'est-à-dire la méthode de stockage en fossé peu profond, consiste à choisir un endroit où le soleil sous le vent se lève et où le drainage est bon, creuser la largeur de 1,5 à 2,5 m et la profondeur de 0,5 à 1,0 m, placer les tiges de manioc dans le fossé dans le sens longitudinal, les empiler légèrement au-dessus des deux côtés, former une forme convexe, laisser 3 à 5 trous d'aération et saupoudrer un peu de terre dans la graine. Couvrir la paille et le sol d'environ 10 cm d'épaisseur, drainer le fossé tout autour et éviter que la pluie ne déborde du drain. Cette méthode est appropriée pour une application dans la période de gelée ne dépassant pas 20 jours de décembre à février de l'année suivante, le lieu avec une longue période de gelée peut être recouvert d'un film plastique, puis de la paille et de la terre.

(3) **Méthode de réservoir dans la cave ou la silo.** Choisir un endroit avec un terrain plus élevé pour creuser et réserver un fossé de drainage autour de la silo. Avant le stockage, désinfecter et déshumidifier dans la silo, brûler le foin et vaporiser du désinfectant à base de formol à 40%, puis disperser le sable au fond pour l'hydrater. Les faisceaux de

récolte des tiges sont placés horizontalement dans la silo et les racines des tiges sont en contact avec le sol du mur de la silo, puis le film plastique est appliqué sur les tiges et le sol est recouvert d'environ 40 cm d'épaisseur, puis de deux couches de paille. Noter que quatre évents d'une hauteur d'environ 20 cm sont placés autour de la silo à l'aide de tuyaux en PVC. Les évents sont dirigés vers le bas et la paille est bloquée. Cette méthode convient aux zones à basses températures et aux longues périodes de gel en hiver.

30. Quel est le changement de la teneur en amidon dans les racines de manioc après la récolte?

La détérioration rapide des racines de manioc après la récolte limite le développement de l'industrie du manioc. Les résultats ont montré que (voir Figure 1), les caractéristiques de l'amidon des racines de manioc après stockage étaient considérablement modifiées, que la teneur en amidon présentait une tendance à la baisse et que le déclin le plus rapide était celui du SC 205. L'analyse de corrélation de chaque indicateur a montré que

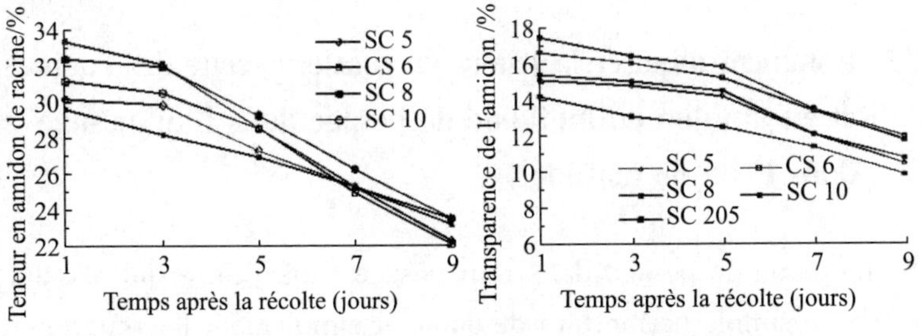

Figure 1 Evolution de la teneur en amidon lors du stockage des racines de manioc

l'amylopectine présentait une corrélation positive significative et une corrélation positive significative avec la teneur en amidon et la transparence de l'amidon. On peut voir que la détérioration physiologique peut entraîner une diminution de la transparence de l'amidon et affecter la qualité du produit.

31. Pourquoi la racine de manioc en décomposition ne convient-elle pas au traitement et à l'utilisation des aliments?

Les racines de manioc pourrissent rapidement et se détériorent après la récolte. Après le métamorphisme, le faisceau vasculaire racinaire présente des taches brun foncé et contient un grand nombre d'organismes fongiques, notamment des champignons tels que le bacille de cacao, le Fusarium solani et l'Aspergillus niger, qui se décomposent pour produire un grand nombre de métabolites secondaires nocifs, tels que le scopolétine (scopoletein) vont s'accumuler, parallèlement, la teneur en cyanure dans les racines augmentera en conséquence, ce qui créera des dangers cachés pour la sécurité des aliments et ne conviendra pas pour la transformation et l'utilisation des aliments.

32. Comment mesurer la teneur en matière sèche des racines et en amidon en méthode de pesage dans l'air-pesage dans l'eau de manioc?

La méthode de pesage dans l'air-pesage dans l'eau, qui est une méthode simple permettant de détecter simplement le contenu en amidon de tapioca et en matière sèche, ne nécessite que de peser le poids de la racine de manioc dans l'air et dans l'eau, puis de calculer selon la formule. La méthode est simple et facile à apprendre, et le taux de précision est de 99%, ce qui peut pleinement répondre aux besoins de la détection rapide sur le terrain. Le processus d'opération principal est le suivant:

(1) Mesurer rapidement la teneur en matière sèche des racines de manioc frais.

① Sélectionner des racines de manioc de différentes tailles, moyennes et petites, pesant environ 5 kilo et pesant l'échantillon frais ($W1$);

② Immerger la racine pesée de ①dans l'eau et peser ($W2$);

③ Calculer le paramètre de gravité spécifique X en utilisant la formule $X=W1/(W1-W2)$;

④ La formule $[(A\times X)-B]/100$ permet de calculer la teneur en matière sèche (%), où $158\leqslant A\leqslant 159$, $142\leqslant B\leqslant 143$ et les valeurs spécifiques sont les suivantes:

$A=158,3$, $B=142,0$; $A=158,5$, $B=142,3$; $A=158,8$, $B=142,7$.

(2) Mesurer rapidement la teneur en amidon des racines de maniocs frais.

① Sélectionner des racines de manioc de différentes tailles, moyennes et petites, pesant environ 5 kilo et pesant l'échantillon frais ($W1$);

② Immerger complètement la racine pesée de ① dans l'eau et peser ($W2$);

③ Calculer le paramètre de gravité spécifique X en utilisant la formule $X=W1/(W1-W2)$;

④ En utilisant la formule $[(a\times X)-b]/100$, la teneur en amidon (%) peut être calculée, où $205\leqslant a\leqslant 216$, $208\leqslant b\leqslant 219$, les valeurs spécifiques sont les suivantes:

$a=210,8$, $b=213,4$; $a=210,5$, $b=213,2$; $a=210,3$, $b=213,1$.

Note:

1. L'échantillon doit être propre lors de la première pesée, sans sédiment et la surface doit être maintenue au sec;
2. Les racines de manioc ne peuvent pas toucher le mur ou le fond du fût lors de la deuxième pesée et sont complètement immergées dans l'eau;
3. Si l'eau utilisée pour la mesure est trouble, il est nécessaire de remplacer l'eau claire du robinet à temps.

Chapitre 3 Techniques de traitement des aliments à base de manioc

33. Qu'est-ce que les aliments à base de manioc?

Les aliments à base de manioc désignent toutes sortes de produits comestibles traités ou fabriqués à partir de racines ou de feuilles de manioc comme principales matières premières, conformément aux normes nationales en matière de sécurité et d'hygiène des aliments, ou toutes sortes d'aliments principaux et non essentiels et d'aliments à grignoter transformés à partir de poudre entière de manioc et de poudre de tapioca sont appelés 《aliments à base de manioc》.

34. Quels sont les avantages de manger des aliments à base de manioc?

Le composant principal de la racine de manioc est l'amidon, qui a une teneur en amylopectine d'environ 80%, semblable au riz gluant, il contient également des matières grasses (0,3% à 3,0%), de la vitamine C (210,0 à 780,0 mg/kg), des fibres alimentaires ont une teneur en écorce de 3,0 grammes pour 100 grammes, des protéines (1, 0% à 3, 0%) riches en acides aminés essentiels et contenant des éléments minéraux tels que le calcium, le potassium et le phosphore. C'est un aliment à faible teneur en sucre, à faible teneur en matière grasse et à haute teneur en fibres qui fournit de l'énergie quotidienne à la population en général et convient parfaitement à certaines personnes spéciales. Les avantages suivants de la nourriture:

(1) **Résistance à la faim.** Chaque tranche de 100 grammes de maniocs frais (pelés) peut produire 497,42 kJ d'énergie (beaucoup plus que les 317,768 kJ de la pomme de terre). De plus, la teneur en amidon à digestion lente et en amidon résistant dans l'amidon dépasse 20%, et la satiété après avoir mangé peut réduire l'apport énergétique.

(2) **Nutrition équilibrée.** Le manioc contient environ 1,0% de protéines et la proportion de lysine est élevée, ce qui peut compenser la proportion faible ou insuffisante de lysine dans les céréales et permettre d'obtenir un régime alimentaire équilibré.

(3) **Riche en minéraux.** Les maniocs frais contiennent non seulement une grande quantité de potassium, de magnésium, de calcium et de phosphore inorganique, mais également une certaine quantité d'oligo-éléments tels que le fer, le zinc et le manganèse. Une grande quantité de potassium aide l'organisme à évacuer l'excès de sodium du corps, ce qui abaisse la tension artérielle et aide les personnes d'âge moyen ou âgées à contrôler les effets néfastes de l'alimentation.

(4) **L'indice glycémique est faible.** La concentration de sucre dans le sang des diabétiques est influencée par de nombreux facteurs et l'indice glycémique alimentaire est un facteur important. L'indice glycémique peut varier quelque peu en fonction de l'aliment et de ses différents niveaux de transformation et méthodes de cuisson (voir Tableau 3). Aliments à indice

glycémique élevé, lorsqu'ils sont ingérés dans le corps humain, la concentration de glucose dans le sang augmente rapidement et la glycémie est élevée; les aliments à faible indice glycémique ont une lente augmentation de la glycémie et une glycémie basse après l'ingestion.

Tableau 3 Indice de glycérine des aliments courants

Indice glycémique	Parties de la nourriture représentative
115 - 90	Maltose, glucose, muffins au maïs, etc.
89 - 80	Riz soufflé, riz gluant, nouilles de riz instantanées, frites/cuites au four, loquats, etc.
79-70	Fèves, citrouille, miel, sorgho, riz pourpre (prématuré), melon d'eau, carotte, mil, blé soufflé, frites françaises, maïs soufflé, croustilles de maïs grillées, polenta, pain sandwich, gâteau frit, pain blanc (de suite).
69-60	Pain à la farine de blé entier, semoule de maïs, pain à la farine d'orge, patate douce, banane (non mûrie), pain au blé entier, pain à l'avoine, pains à hamburger, craquelins au blé, biscuits au seigle complet, avoine, gruau d'avoine, raisins secs, ananas, pommes de terre (fraîches), purée à la vapeur, soupe aux haricots noirs, etc.
59-50	Riz, riz pourpre, aubépine, igname, manioc (frais), sarrasin, maïs sucré, farine de riz, banane, mangue, kiwi, jus de pêche frais, jus d'orange, bouillie de haricot mungo, etc.
49-40	Lactose, chocolat, haricot mungo, orange, jus de pomme, jus de pamplemousse, jus de poire, etc.
39-30	Caille, nouilles aux œufs, spaghettis, amandes de seigle, amandes de blé, lentilles, lait écrémé, etc.
29-20	Noyau d'orge, haricot rouge, haricot noir, pois séché, haricot vert, saucisse, lait entier, vermicelle, cerise, prune, etc.
19-14	Soja, cacahuètes, lait faible en gras, etc.

L'indice glycémique de ces aliments est étroitement lié à des facteurs tels que la durée de production et de conservation, la maturité, notamment ceux dont l'indice glycémique est inférieur ou égal à 55, les aliments à faible indice glycémique et ceux présentant un indice glycémique de 56 – 69 sont des aliments à indice glycémique moyen; Ceux dont l'indice glycémique est supérieur à 70 sont des aliments à indice glycémique élevé. Selon les recherches, le sucre de manioc est d'environ 52,0, ce qui est un aliment à faible indice glycémique.

(5) **Riche en fibres alimentaires.** La teneur en fibres alimentaires de manioc est d'environ 3%, plus élevée que celle de la pomme de terre et de la patate douce. La consommation de manioc favorise souvent la motilité gastro-intestinale et facilite les selles, contribuant ainsi à réduire ou réduire le risque de cancer du côlon et de maladie cardiaque.

35. Quels types de nourriture à base de manioc sont actuellement disponibles?

Les spécialités de manioc comprennent les boulettes de riz, les gâteaux de riz, les noisettes, le riz gluant, le pain, le taro, les crêpes, les raviolis, les nouilles, les vermicelles (barres), les gâteaux, les biscuits, les pâtisseries, les croustilles naturelles ou composées (les barres). D'autre s aliments à saveurs multiples et à la fois variés de la série de manioc offrent également aux consommateurs des aliments écologiques naturels, sains, nutritifs, sains, délicieux, abordables et de qualité supérieure à base de manioc, ainsi que des produits fonctionnels et connexes destinés à un régime alimentaire particulier.

36. Quel est l'état actuel du traitement et de l'utilisation de la nourriture à base de manioc en Chine et à l'étranger?

(1) **En Chine.** Déjà équipée d'une technologie complète pouvant être pleinement promu—La《production de poudre entière de manioc de haute qualité et la production et les équipements propres》. Il peut produire de la poudre de manioc entière et de la farine de manioc et peut également être industrialisée à grande échelle en fonction des besoins. Sur la base de cette technologie, la Chine a mis au point des aliments de base tels que des boulettes de tapioca, des gâteaux de riz, des noisettes, des palourdes, du pain, du taro, des crêpes, des boulettes, des nouilles, des vermicelles, des biscuits, des pâtisseries et des chips composées, les gâteaux, la crème glacée, le jus de tapioca, les biscuits et les biscuits compressés font partie des aliments de style occidental. Le développement et l'utilisation commerciale en sont encore à leurs balbutiements.

(2) **A l'étranger.** Commercialisation de différents types de pain de manioc, de nouilles au manioc et de biscuits au manioc en Amérique du Sud (Brésil, Colombie), en Asie du Sud-Est (Thaïlande, Indonésie, Philippines, Vietnam) et en Afrique (Nigéria, Congo, Ouganda, Kenya), parmi eux, le Brésil et la Thaïlande sont relativement matures et parfaits pour le marché.

37. Quelles sont les utilisations spéciales de la nourriture à base de manioc?

Le manioc est riche en fibres d'amidon et en fibres alimentaires, mais manque de protéines et de matières grasses, ce qui en fait un ingrédient idéal pour les aliments sans gluten et convient aux personnes souffrant de malabsorption intestinale chronique liée à la maladie cœliaque (Coeliac Disease). En outre, la teneur en amylopectine de l'amidon de tapioca est d'environ 80% et sa viscosité après gélatinisation est beaucoup plus élevée que celle du riz, du maïs et du blé. Il convient à la fabrication de divers types d'aliments forts, tels que les gâteaux et les gâteaux de riz.

38. Qu'est-ce que le manioc doux et le manioc amer?

Selon les normes de la Commission du Codex Alimentarius (CAC), le manioc frais est divisé en deux catégories: le manioc doux (sweet cassava) et le manioc amer (bitter cassava), comme spécifié ci-dessous:

Codex Stan 151-1989 GARI (curry alimentaire à base de manioc).

HCN<2 mg/kg (poids sec), teneur en acide cyanhydrique< 2 mg/kg (poids sec).

Codex Stan 176-1989 FARINE DE MANIOC COMESTIBLE.

HCN<10 mg/kg (poids sec), teneur en acide cyanhydrique< 10 mg/kg (poids sec).

Codex Stan 238-2003 SWEET CASSAVA (farine de tapioca douce).

HCN<50 mg/kg (en poids frais), teneur en acide cyanhydrique <50 mg/kg (en poids frais).

Codex Stan 300-2010 CASSAVA amer (poudre de manioc amer).

HCN≥50 mg/kg (en poids frais), teneur en acide cyanhydrique ≥50 mg/kg (en poids frais).

En Chine, la norme *Amidon de Manioc Comestible* (NY/T 875 –

2012) du Ministère de l'Agriculture indique que le teneur en acide cyanhydrique de l'amidon de tapioca comestible≤10 mg/kg, la standard de qualité des produits de fabrication de la farine de manioc se rapportant à la norme *Amidon de Manioc Comestible*.

39. Pourquoi le manioc est-il toxique? Comment manger des racines est sans danger?

Le manioc est une plante cyanogène dont les organes contiennent deux types de glycosides cyanogènes (linamarin) et des golycosides de racines de lotus (lotaustraline), dont la linolénicine représente environ 95%, qui est le principal glycoside cyanogène. Lorsque ces glycosides cyanogènes sont mis en contact avec la β-glucosidase hydrolase, une réaction enzymatique se produit et le cyanure est rapidement produit, et faire les racines ont la toxicité. Bien sûr, il existe d'autres formes de glycosides cyanogènes dans le règne végétal, telles que l'amygdaline, la puerarine, le podoside, la guanosine et la linolénicine, présentes dans les cellules végétales de familles différentes. Il convient de rappeler que le terme 《détoxication》, tel qu'il est utilisé ici, désigne la réduction de la toxicité de la teneur en cyanure, plutôt que l'élimination ou la destruction de certains microorganismes ou de métaux lourds et d'autres poisons.

40. Le manioc contient-il du cyanure ou de l'hydrure?

Le manioc contient du cyanure au lieu de l'hydrure. En général, les composés contenant des ions cyanure (CN^-) sont appelés cyanures, tels que l'acide cyanhydrique (HCN), le cyanure de potassium (KCN). L'hydrure est un composé binaire formé d'hydrogène et d'autres éléments. En général, dans les travaux scientifiques, le composé binaire d'hydrogène et de métal s'appelle toujours un hydrure, tel que l'hydrure de sodium (NaH), et l'hydrogène est combiné à un composé binaire non métallique. Appelez un hydrogène, tel que le chlorure d'hydrogène (HCl).

41. Les gens qui mangent de la nourriture de manioc seront-ils empoisonnés?

Les organes (racines, tiges, feuilles, fleurs et fruits) des plants de manioc contiennent une certaine quantité de glycosides cyanogènes (glycosides et scutellarine), qui présentent une certaine toxicité, mais de nombreuses études ont montré que les glycosides cyanogènes présents dans le manioc et la glucosidase phagique réagissent avec l'eau et le phosphore dans des conditions acides pour libérer des substances toxiques telles que le CN^-. Cependant, les variétés de manioc douces recommandées actuellement pour les aliments ont une teneur en cyanure inférieure (< 50 mg/kg) et les aliments à base de manioc transformés par trempage, séchage au soleil, fermentation, cuisson à la vapeur, fait sauter, friture, rôtissage, etc. (voir Tableau 4), peut atteindre le champ d'application des normes de sécurité alimentaire, ne causera pas d'empoisonnement après avoir mangé.

Toutefois, si vous consommez des racines de manioc ou des feuilles de manioc fraîches non traitées, cela peut provoquer une intoxication.

Tableau 4 Effets de détoxification de différentes méthodes

Méthode de traitement	Objet de traitement	Taux d'élimination (%)
Trempage, séchage au soleil	Racines de manioc	97,8 - 98,7
Fermentation, cuisson	Racines de manioc	97,6 - 98,2
Écrasement, séchage au soleil	Racines de manioc	96,8 - 98,5
Empilementet fermentation	Racines de manioc	83,5 - 87,5

42. Pourquoi le manioc peut-il devenir toujours la principale culture vivrière dans de nombreux pays du monde, mais il est toxique?

De nombreuses plantes du monde végétal sont toxiques, même la pomme de terre que nous mangeons souvent contient une substance hautement toxique, la solanine, proche de son point de bourgeon, mais elle reste l'une des principales cultures vivrières dans le monde! Le manioc est toxique parce que la racine de manioc contient une certaine quantité de glycosides cyanogènes et que les glycosides cyanogènes sont hydrolysés dans des conditions appropriées pour libérer des ions cyanures toxiques. Cette toxicité est assez faible si les conditions de réaction sont réduites ou si la quantité de glycosides cyanogènes est réduite. En règle générale, la teneur en manioc des racines de manioc comestibles est inférieure à 50 mg/kg, ce qui peut être ramené à 5 mg/kg ou moins après traitement (épluchage, tranchage, séchage, pulvérisation et préparation des aliments), inférieure à la standard nationale de sécurité sanitaire des aliments nationaux (10 mg/kg). Par conséquent, la consommation de manioc est sûre et, étant donné que ses racines contiennent une grande quantité de glucides, c'est une source importante d'énergie pour le corps humain, fournissant des rations à près de 800 millions de personnes dans de nombreux pays producteurs de manioc en Afrique, en Asie du Sud-Est et en Amérique latine.

43. Ou les animaux mangent du cyanure alimentaire du manioc et causer un empoisonnement, comment faire les premiers secours?

Habituellement, la consommation de manioc sucré transformé n'entraîne pas d'empoisonnement, mais il convient de mentionner que, même si nous disposons de la technologie absolue pour garantir que la nourriture à base de manioc est peu toxique ou non toxique, certains humains ou animaux contiennent des enzymes et des microorganismes qui hydrolysent les glycosides cyanogènes. Les glycosides cyanogènes présents dans le corps ou dans l'intestin peuvent toujours être hydrolysés par des hydrolases. Le cyanure produit par l'hydrolyse peut provoquer des intoxications. Ensuite, la méthode de traitement post-poison est évidemment très importante et nécessaire.

(1) **Symptômes humains et traitement de l'intoxication au cyanure.** Les patients atteints d'une intoxication légère présentent un malaise général, des vertiges, une oppression thoracique, de la fièvre et des vomissements, ainsi qu'une intoxication grave accompagnés de difficultés respiratoires, de pupilles dilatées, de tachycardie sinusale, de 100 à 130 pulsations/min. Lors des premiers secours, l'estomac est d'abord lavé, suivi d'une grande quantité d'oxygène (telle qu'une

inhalation ou une intubation manuelle), suivi d'une injection intraveineuse d'une solution de glucose contenant du thiosulfate de sodium ou du nitrite de sodium pour oxyder l'hémoglobine en méthémoglobine. Il faut noter que le nitrite de sodium ne peut pas être mélangé avec du thiosulfate de sodium et injecté.

(2) **Symptômes des bétaux et traitement de l'intoxication au cyanure.** Après avoir empoisonné, les bétaux ont des membres faibles, sont debout instables, veulent se coucher sur le sol, ne mangent pas, salivent, le nez qui coule, l'essoufflement, la transpiration et autres symptômes. Lors des premiers secours, utiliser immédiatement 3 g de nitrite de sodium, 15 g de thiosulfate de sodium et 100 ml d'eau distillée et mélanger pour injection intraveineuse unique, associée à un lavage gastrique, une perfusion et un traitement cardiaque.

(3) **Symptômes des poulets et traitement de l'intoxication au cyanure.** Après avoir empoisonné, Le poulet tombera soudainement au sol et mourra gravement. La minorité montrera une dépression, le cercueil sera blanc, coulera, difficultés respiratoires, haleine avec un abricot amer, couché sur le sol, affaissement de l'aile, les poulets individuels semblent instables, mouvements circulaires, ne mangent pas. La maladie peut durer jusqu'à un jour et la plupart d'entre eux meurent quelques minutes à plusieurs heures après l'apparition des symptômes. Arrêter de nourrisser la nourriture contenant du manioc immédiatement lors des premiers secours, donner une grande quantité de solution de permanganate de potassium à 0,1% pour boire et injecter par voie intramusculaire du thiosulfate de sodium à 10%,

1 ml chacun en continu pour 2 jours.

(4) **Symptômes des porcs et traitement de l'intoxication au cyanure.** Après que les porcs ont mangé du manioc frais, ils ont la bouche moussée, des difficultés respiratoires et il y a une odeur d'amande amère dans le gaz expiré, marchent de manière bu. Les muscles de la nuque, des épaules et des jambes tremblent et la conjonctive est rouge vif, parfois accompagnée de diarrhée. Lors des premiers secours, 1 g de nitrite de sodium (50 ml d'eau stérilisée) est injecté, puis 2,5 g de thiosulfate de sodium (50 ml d'eau stérilisée) sont injectés pour une injection dans la veine auriculaire, puis la quantité de soupe de haricot mungo appliquée avec un cathéter gastrique. Faire deux fois de suite.

(5) **Symptômes des moutons et traitement de l'intoxication au cyanure.** Une fois que les moutons ont mangé des feuilles de manioc fraîches, la respiration est accélérée, une excitation anormale, un moussage de la bouche et le mouton au début de la maladie sont déprimés, la démarche est tremblante, les muscles sont paralysés, la muqueuse est rouge vif, le rythme cardiaque est faible, la respiration est difficile et la respiration exhalée a un goût semblable à celui de l'amande. Les pupilles de mouton les plus sévères sont dilatées, les réflexes sont réduits voire disparaissent et le pouls est faible. Lors du premier secours, utiliser d'abord 1% de nitrite de sodium 20 ml et 10% de glucose 50 ml, par voie intraveineuse, puis injecter par voie intraveineuse 20 ml de thiosulfate de sodium 5%, 500 ml de glucose 5% et de vitamine C 30 ml, puis utiliser 6 g de soufre. La poudre de sulfate de sodium a été dissoute dans 200 ml d'eau et appliquée une fois.

44. Qu'est-ce que la maladie de Konzo en Afrique?

La maladie de Konzo est une maladie d'origine alimentaire. La racine de manioc est une culture vivrière importante dans de nombreux pays d'Afrique et, du fait qu'elle contient une certaine quantité de cyanure, une consommation excessive à long terme de cyanure entraînera non seulement une intoxication, mais aussi des lésions des neurones moteurs du système nerveux central, entraînant une paralysie permanente de la jambe, le développement des os et d'autres symptômes, il s'agit de la soi-disant maladie de Konzo africaine. Lorsque les gens mangent du manioc à forte teneur en cyanure pendant plusieurs semaines, il se produit une paralysie, des jambes picotées, des pieds froids, une vision problématique ou la barrière de la langue, et même le mouvement des bras et des mains sera un obstacle. Les symptômes d'une partie de la population vont s'améliorer, mais les convulsions causées par une consommation à long terme sont permanentes.

La maladie de Konzo est différente de la paraplégie tropicale paralytique, qui n'a rien à voir avec la consommation de produits à base de manioc, principalement causée par le virus de la leucémie à lymphocytes T (HTLV-1). La paraplégie tropicale paralytique, également connue sous le nom de myélopathie virale des lymphocytes T (myolopathie associée au HTLV, HAM), a été signalée en Amérique centrale en Colombie et au Japon. Elle est contagieuse et peut provoquer une morbidité hormonale. La maladie est lente et la progression progressive des deux membres inférieurs est difficile à marcher et s'accompagne d'une miction médiocre. La plupart des patients commencent entre 10 et 15 ans. La condition augmente progressivement jusqu'à 20 ans et la marche est difficile, mais 30 à 40 ans peuvent toujours marcher, souvent un écoulement urinaire, le drainage n'est pas propre, il n'est pas facile à contrôler.

45. Quels sont les principaux nutriments des racines de manioc?

Les racines de manioc sont les principales cultures vivrières et fourragères avec une teneur élevée en amidon, une teneur faible en protéines et en matières grasses, ainsi que des éléments minéraux comprenant le potassium (1,2%), le calcium (0,07%) et le phosphore (0,05%). Voir le Tableau 5 pour des données spécifiques sur les éléments nutritifs des maniocs séché et frais.

Tableau 5 Principaux composants du manioc séché et du manioc frais

Composant \ matière première	Manioc séché	Manioc frais
Teneur en amidon (%)	67,00	25,00
Teneur en eau (%)	13,73	64,70
Cendres (%)	2,46	0,63
Graisse (%)	0,82	0,25
Protéines (%)	2,56	1,07
Cellulose brute (%)	3,20	1,11
Amidon et solubles non azotés (%)	76,82	32,27

46. Quels sont les principaux composants des feuilles de manioc fraîches?

Les feuilles de manioc constituent un bon aliment protéiné: elles contiennent généralement des protéines brutes, des fibres brutes, des lipides bruts et des glucides, des flavonoïdes antioxydants tels que le bêta-carotène (0,53 mg/g), la lutéine (0,92 mg/g), la rutine (1,4 mg/g) et le glycoside de feux d'artifice (0,3 mg/g), et les minéraux tels que le calcium, le potassium et le phosphore, les autres composants principaux sont présentés dans le Tableau 6.

Tableau 6 Principaux éléments nutritifs des feuilles de manioc (feuilles fraîches)

Composant	Teneur	Composant	Teneur
Teneur en eau (%)	75,0 - 85,0	Calcium (%)	0,12 - 0,16
Protéine brute (%)	6,8 - 12,2	Phosphore (mg/kg)	620,0 - 750,0
Graisse brute (%)	0,7 - 1,1	Potassium (%)	0,38 - 0,45
Glucides (%)	10,0 - 14,0	Fer (mg/kg)	20,0 - 30,0
Fibre brute (%)	5,8 - 7,4	Carotène E (%)	0,78 - 0,84
Cendres brutes (%)	1,2 - 2,1	Vitamine B_1 (mg/kg)	1,2 - 1,7
		Vitamine C (mg/kg)	780,0 - 890,0

En outre, la composition des feuilles dans différentes parties des plants de manioc est différente, comme le montre le Tableau 7.

Tableau 7 Comparaison de la composition des feuilles dans différentes parties

(feuille SC9)

Composant / Partie	Protéine brute (%)		Sucre soluble (%)		Amidon (%)		Graisse brute (%)		Cyanure d'hydrogène (mg/kg)	
	Échantillon frais	Échantillon sec	Échantillon frais	Échantillon sec	Échantillon frais	Échantillon sec	Échantillon frais	Échantillon sec	Échantillon frais	Échantillon sec
Jeunes feuilles	9,9	30,4	2,6	8,1	2,9	9,9	2,3	6,9	1 002,4	48,3
Vieille feuille	7,4	23,5	2,5	8,1	4,9	5,1	3,4	11,0	958,5	53,2

47. Quels sont les principaux composants et propriétés digestives de la poudre de feuilles de manioc?

La valeur nutritive de la poudre de feuille de manioc est élevée (voir Tableau 8) et il existe également des différences entre les différentes parties.

Tableau 8 Principaux composants de la poudre de feuille de manioc

(feuille sèche)

Protéine brute (%)	Graisse brute (%)	Amidon (%)	Fibre brute (%)
25,0	49,5	0,54	15,5

Teneur en éléments minéraux principaux [teneur par milligramme de poudre de feuille de manioc (mg)]

Potassium 2. 186	Calcium 789	Magnésium 711	Phosphore 50
Zinc 2,5	Manganèse 7,3	Fer 2,5	Cuivre 0,30

En outre, la poudre de feuille de manioc contient de nombreux nutriments, dont 180 g/kg de protéines brutes digestibles, 90 g/kg de graisse brute digestible, 120 g/kg de fibres brutes. La digestibilité des protéines brutes était de 72,0%, la digestibilité des graisses brutes de 89,0% et la digestibilité des fibres brutes de 49%.

48. Quelles sont les fonctions des anthocyanines et des proanthocyanidines contenues dans les feuilles de manioc?

Il a été signalé que les feuilles de manioc sont riches en anthocyanines et en proanthocyanidines, deux substances qui jouent un rôle important dans l'activité des antioxydants. Les principales différences sont les suivantes:

(1) **Différences de structure chimique.** Les anthocyanines et les proanthocyanidines sont deux substances complètement différentes, les anthocyanines sont des flavonoïdes (voir Figure 2) et les proanthocyanidines sont des polyphénols (voir Figure 3). Les proanthocyanidines produisent des anthocyanines lorsqu'elles sont chauffées dans un milieu acide. Ces polyphénols sont donc appelés proanthocyanidines.

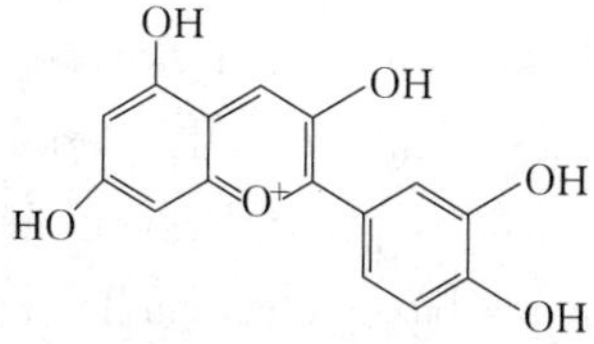

Figure 2　Structure chimique de l'anthocyanine

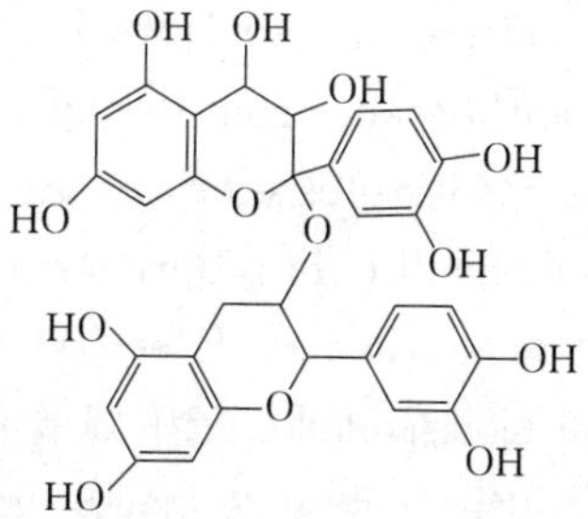

Figure 3　Structure chimique de la proanthocyanidine (dimère)

(2) **Différences entre l'apparence et l'odeur.** Les anthocyanes sont des pigments solubles dans l'eau, incolore, rouge ou rouge violacé en milieu acide, bleu en milieu alcalin. Les proanthocyanidines sont généralement des poudres brun rougeâtre composées de différentes quantités de monomères de catéchine ou

d'épicatéchine, légèrement odorantes, miso, solubles dans l'eau et dans la plupart des solvants organiques.

(3) **Différences dans les parts où elles existent.** Les proanthocyanidines sont largement présentes dans la peau, les coquilles et les graines de plantes, telles que les pépins de raisin, le zeste de pomme, la peau d'arachide et la canneberge, tandis que les anthocyanines sont largement présentes dans les myrtilles, les cerises, les feuilles de manioc, les raisins, le cassis et la mûre, etc. Parmi ceux-ci, il existe trois types de pigment panaché de bleuet, le pigment de géranium rouge orangé et le pigment de delphinidine bleu violet.

Les proanthocyanidines sont des polyphénols végétaux dont les ingrédients actifs sont des proanthocyanidines oligomères, qui exercent diverses activités biologiques, telles que l'anti-oxydation et le piégeage des radicaux libres. Les anthocyanines et les proanthocyanidines reposent sur trois structures cycliques aromatiques, qui ont toutes de puissants effets antioxydants. De nombreuses études ont montré que les anthocyanes sont des agents anti-âge naturels et sont les antioxydants les plus efficaces que l'on puisse trouver chez l'homme aujourd'hui. Leurs propriétés antioxydantes sont 5 à 10 fois supérieures à la vitamine E et 200 fois supérieures à la vitamine C. Elles sont biodisponibles à 100% pour le corps humain et peuvent être détectées dans le sang 20 minutes après sa prise.

49. Qu'est-ce que la farine de tapioca? Quels sont les points de production?

La farine de tapioca est un produit en poudre fabriqué à partir de racines de manioc, de pelage, de tranchage, de séchage, de pulvérisation, de tamisage et d'emballage. Les points de production incluent la sélection des matières premières, le pelage et le séchage.

(1) **Sélection des matières premières.** Pour que la farine de manioc choisisse des variétés de manioc à faible teneur en cyanure, les variétés de manioc doux sont généralement sélectionnées.

(2) **Processus de pelage.** Peler ou enlever le péricarpe des racines (endothéliales) avec un couteau pour obtenir un taux d'élimination élevé du cyanure.

(3) **Processus de séchage.** La température de séchage ne doit pas être trop élevée ou trop basse, généralement autour de 65 ℃. Si la température est trop élevée, il est facile d'introduire la gélatinisation et la dégénérescence de l'amidon, si elle est trop basse, le temps de séchage est trop long et l'amidon est oxydé et l'aspect est sombre, ce qui affecte la qualité.

En février 2017, les *Normes Locale pour la Poudre de Tapioca* (DBS 45/401 - 2017) a été officiellement publiée par le Centre d'Analyse et de Test de la Région Autonome Zhuang du Guangxi, par l'Institut des produits chimiques pour l'amidon de l'Université du Guangxi et par le Centre de surveillance et d'information sur la sécurité des aliments et des médicaments de Nanning, Guangxi.

50. Quel est le niveau nutritionnel de la farine de tapioca?

La farine de tapioca est un matériau de traitement des aliments similaire à la farine de blé. Ses principaux composants sont présentés dans le Tableau 9 ci-dessous.

Tableau 9 Principaux composants de la farine de manioc

Teneur en eau (%)	Protéine brute (%)	Graisse brute (%)	Fibre brute (%)	Cendres brutes (%)	Extrait non azotés (%)
11,50±0,5	1,72±0,7	0,99±0,9	2,27±0,4	2,02±0,4	81,49±1,2
Calcium (%)	**Phosphore (%)**	**Fer (mg/kg)**	**Cuivre (mg/kg)**	**Manganèse (mg/kg)**	**Zinc (mg/kg)**
0,1±0,06	0,07±0,02	151,0±43	8,9±3,0	40,0±2,6	55,0±3,4

Remarque: volume de l'échantillon sec (n=30)

51. Qu'est-ce que la poudre de manioc entière? Quels sont les points de production?

La poudre entière de manioc désigne un produit en poudre fabriqué à partir de racines de manioc, de pelage, de découpe, de précuisson, de refroidissement, de compression, de remblayage, de séchage, de pulvérisation, de tamisage et d'emballage. Les points de production incluent la sélection de la matière première, le processus de pelage, le processus de refroidissement et le processus de séchage.

(1) **Sélection des matières premières.** Pour que la farine de manioc choisisse des variétés de manioc à faible teneur en cyanure, les variétés de manioc doux sont généralement sélectionnées.

(2) **Processus de pelage.** Peler ou éplucher le péricarpe des racines (endothéliales) avec un couteau pour obtenir un taux élevé d'élimination du cyanure.

(3) **Processus de refroidissement.** Le processus de refroidissement consiste à précuire les morceaux de manioc pour solidifier les cellules dans de l'eau glacée, ce qui peut assurer l'intégrité

des cellules, préserver au mieux la saveur d'origine et éviter que de grandes quantités d'amidon dans les cellules ne soient libérées.

(4) **Processus de séchage.** La température de séchage ne doit pas être trop élevée ou trop basse. En général, elle est d'environ 65 ℃. Si elle est trop élevée, il est facile d'introduire la gélatinisation et la dégénérescence de l'amidon. Si la température est trop basse, le temps de séchage est trop long, l'amidon est oxydé et l'aspect est sombre, ce qui affecte la qualité.

52. Quels biscuits peuvent être fabriqués à partir de manioc, quelles sont les exigences de qualité?

Il existe de nombreux types de biscuits. Utiliser de la farine de manioc ou de la farine partiellement ajoutée comme matière première principale pour la fabrication de biscuits croustillants, biscuits durs, biscuits fermentés, biscuits secs, biscuits, sandwichs à biscuits, biscuits à la gaufrette, biscuits aux œufs, biscuits roulés aux œufs, biscuits collants, biscuits sablés. Le processus de production est différent pour divers produits tels que les biscuits comprimés, mais les exigences de qualité spécifiques sont mises en œuvre conformément aux *Normes Nationales sur les Biscuits de Sécurité Alimentaire* (GB 7100-2015).

53. A quoi devoir faire attention pour la production du pain au manioc?

Le pain est une sorte d'aliment cuit au four à partir de farine de blé comme matière première principale et des fournitures: levure, œuf, huile, sucre, sel, etc., additionnés d'eau pour préparer la pâte, traités par fermentation, division, mise en forme, fermentation, cuisson au four, refroidissement, etc. Selon les matériaux de traitement, il peut être divisé en quatre types: pain principal, pain de couleur, pain de conditionnement et pain de beurre. Le processus de production courant est le suivant: brassage→fermentation→segmentation→sphéronisation→fermentation moyenne→façonnage→fermentation→cuisson→refroidissement→emballage. Les méthodes de conditionnement et de production peuvent être résumées en deux types.

(1) **Méthode moyenne/méthode de semis nocturne.** C'est-à-dire que la pâte est d'abord brassée et que, après une période de fermentation, elle est mélangée à d'autres parties pour former du pain.

(2) **Méthode directe.** Méthode de fermentation directe de la pâte. Ces méthodes sont inséparables du gluten contenu dans la farine de blé, qui est une gliadine, et son contenu influe directement sur la qualité du pain. La teneur totale en protéines de la farine de tapioca est inférieure à 3% et la teneur en protéines du gluten inférieure à 0,1%, donc la farine de tapioca n'est pas recouverte de graisse, le pain de manioc ne peut pas être séparé de la farine riche en gluten ajoutée à plus de 60% et la finesse de la farine de tapioca doit être d'environ 120 mesh pour atteindre certaines exigences du processus de fabrication du pain. Le procédé ou la méthode spécifique peut être référé au brevet actuel *Un pain de manioc frais et son procédé de fabrication* (CN 201410039534.5).

54. A quoi devoir faire attention pour la production des nouilles au manioc?

Les nouilles, originaires de Chine, sont utilisées depuis plus de 4 000 ans. La nouille traditionnelle est un type d'assaisonnement, de pressage, demalaxage ou de concassage de grains ou de haricots, puis de coupe ou de pressage, ou utiliser une méthode telle que mijoter, tirer, pincer, etc. pour créer une bande (étroite ou large, ou plate ou ronde) ou un petit morceau et enfin être traitée en faisant bouillir, frire, mijoter et frire. Il existe de nombreuses sortes de nouilles et de nombreuses sortes de nouilles très locales.

La farine de tapioca est une poudre de matière première à haute teneur en protéines et en matières grasses, de viscosité élevée mais ne contenant pas de《gluten》et difficile à former, par conséquent, il est nécessaire d'améliorer les propriétés de transformation en ajoutant 7% à 13% de farine de gluten ou d'amidon modifié au manioc ou de farine riche en gluten, puis selon le procédé de fabrication classique des nouilles au blé. Pour le procédé ou la méthode spécifique, on peut se reporter au brevet actuel *Une nouille en foudre de manioc entier et son procédé de fabrication* (CN 201410391727. 7).

55. A quoi devoir faire attention pour la production du pain à la vapeur de manioc?

Mantou, également connu sous le nom d'huîtres et d'huîtres cuites à la vapeur, est l'une des nouilles chinoises traditionnelles aux fortes caractéristiques chinoises. Les habitants du Nord utilisent généralement le mantou comme aliment de base et ont un goût différent, une pratique différente et divers types de mantou, tels que les nouilles blanches, le mantou à la farine de maïs, le mantou aux légumes, le mantou à la viande, le mantou frit cru et le mantou frit. Le processus de production du pain cuit à la vapeur comprend l'assaisonnement, le bronzage, la fermentation, la cuisson, etc. Le produit fini est de forme semi-sphérique ou rectangulaire. Les principales matières premières nécessaires sont la farine de grain, la levure chimique, l'eau, l'eau alcaline et parfois une petite quantité de sucre.

Le mantou de manioc fait référence à l'utilisation de la farine de manioc en tant que matière première principale, ajoutant une certaine proportion de farine riche en gluten (généralement de 40% à 60%) et en mélangeant celle-ci selon le procédé de fabrication classique du mantou. Comme la farine de manioc ne contient pas de《graisse》, il est nécessaire d'augmenter la levure et de prolonger le temps de levée dans le processus de production, et d'utiliser la poudre de tapioca d'une finesse de 120 mesh, sans quoi le pain cuit à la vapeur préparé n'est pas tendre, son goût est dur et collant, ce qui réduit la qualité du pain cuit à la vapeur. Le processus ou la méthode spécifique peut faire référence au brevet actuel *Un pain cuit à la vapeur de manioc frais et son procédé de fabrication* (CN 201610220002.0).

56. A quoi devoir faire attention pour la production des boulettes de manioc?

Les jiaozi, également appelées《jiaoer》, une des anciennes nouilles traditionnelles de Chine, sont différentes selon les modes de consommation, notamment les jiaozi de pâte, les jiaozi à la vapeur et les jiaozi frites. C'est un aliment du festival que les Chinois apprécient en général et qu'ils aiment profondément. Parce que la poudre de tapioca manque de collagène, il n'y a pas de graisse. Lorsque vous préparez la peau de jiaozi, vous devez faire de la pâte à partir de tapioca. Si vous utilisez la poudre entière de manioc comme matière première pour la fabrication de la peau de jiaozi, vous pouvez préparer la pâte avec de l'eau froide et des nouilles, le reste des étapes est identique à celui des boulettes de pâte ordinaires. Il est à noter que si les jiaozi ne sont pas bouillies sans addition de gluten ou de farine riche en gluten, elles peuvent être cuites en les faisant frire ou en les cuisant, sinon la peau de la jiaozi sera facilement brisée et affectera la qualité de l'aspect. Pour le procédé ou la méthode spécifique, on peut se reporter au brevet actuel *Une jiaozi de farine de manioc toute prête et sa méthode de fabrication* (CN 201410430654. 8) et *Une peau de jiaozi de farine de manioc et sa méthode de fabrication* (CN 201410110599. 4).

57. A quoi devoir faire attention pour la production des gâteaux de lune au manioc?

Les gâteaux de lune, communément appelés petits gâteaux et groupes mensuels, sont l'un des en-cas traditionnels chinois: ils sont cantonais, Beijing, Su, Chao et Dian. Ils sont populaires parmi les habitants du Nord et du Sud. Le processus traditionnel de fabrication des gâteaux de lune comprend les étapes de fabrication de peau, de fabrication de farce, de rembourrage, de moulage, de cuisson et d'emballage. De même, la fabrication des gâteaux de lune au manioc suit le processus et la méthode traditionnels de fabrication du gâteau de lune. Cependant, en raison du manque de collagène dans la farine de tapioca, la peau du gâteau de lune est lâche et il n'y a pas de《graisse》. Si vous n'ajoutez pas de farine riche en gluten ni de farine de gluten, utilisez l'eau bouillante du《côté chaud》pour améliorer la dureté ou la ductilité de la pâte. Le procédé ou la méthode spécifique peut faire référence au brevet actuel *Peau de gâteau de lune au manioc nutritive pour soins de santé, garniture de gâteau de lune, gâteau de lune contenant la peau et/ou la farce du gâteau de lune et son procédé de préparation* (ZL 103250760*A*) et *Gâteau de lune de manioc à faible teneur en sucre et en graisse et son procédé de fabrication* (CN 201610807116. 5).

58. Quels sont les points principaux de la fabrication de boissons originales au manioc?

Le jus de manioc original est fabriqué à partir de la racine d'un manioc spécial (manioc à base de fruits) (teneur en eau de plus de 92%), sans ajout d'agents de conservation, par extraction en jus, filtrage, protection des couleurs, broyage des colloïdes, préchauffage, filtration, homogénéisation, stérilisation, dégazage et emballage. Pour le procédé ou la méthode spécifique, vous pouvez vous reporter au brevet actuel *Jus de tapioca original et son procédé de fabrication* (ZL 201310603363. X).

59. Quels sont les points principaux pour la fabrication d'un jus de tapioca fraîchement pressé?

Le jus de manioc fraîchement pressé est un jus de manioc frais à base de racines de manioc fraîches, hachées, mûries, arrosées, battues à grande vitesse (15 000 tr/min), assaisonnements et autres procédés. Lors de l'assaisonnement, vous pouvez ajouter différents assaisonnements selon vos préférences personnelles. Pour le procédé ou la méthode spécifique, on peut se reporter au brevet actuel *Un jus de manioc frais non cuit et son procédé de fabrication* (CN 201410110594. 1).

60. Quels sont les principaux aspects de la fabrication d'une boisson solide à base de feuilles de manioc?

Une boisson solide est une boisson dont la teneur en eau est inférieure à 5% et qui a une certaine forme (granulés, flocons, grumeaux, poudres, etc.), qui doit être lavée à l'eau chaude pour être buvable. Il existe trois types de boissons solides de type protéines, les boissons solides ordinaires et les boissons solides cuites au four.

La boisson solide à base de feuilles de manioc est un type de boisson solide ordinaire riche en protéines, vitamines, polysaccharides, minéraux et divers antioxydants. La teneur en protéines est≥5%, il existe 18 types d'acides aminés, 6 types de vitamines, 6 types de minéraux et 2% à 3% de sucres. Il est perfectionné grâce à une technologie enzymatique avancée et à une formule scientifique dont les principales étapes de traitement sont les suivantes.

(1) **Tremper.** La poudre de feuilles de manioc est trempée dans de l'eau désionisée à la température ambiante pendant 0,5 à 1 heure;

(2) **Angle d'enzyme.** Ajouter une préparation enzymatique complexe

contenant de l'amylase, de la protéase et de la lipase à l'eau désionisée pour effectuer une réaction d'hydrolyse enzymatique, et filtrer et collecter l'hydrolysat enzymatique une fois la réaction terminée;

(3) **Désodoriser.** L'hydrolysat enzymatique est décompressé, concentré, désodorisé et déshydraté à 50-80 ℃ pour obtenir une boisson solide à la feuille de manioc.

Pour le procédé ou la méthode spécifique, vous pouvez vous reporter au brevet actuel *Extrait de feuille de manioc, méthode de fabrication et application* (ZL 201010119250. 9).

61. Quels sont les avantagesde développer la poudre entière de manioc?

Le bloc de racine de manioc ne résiste pas au stockage et le manioc frais présente les avantages suivants lorsqu'elle est transformée en poudre de manioc.

(1) **Stockage et transport pratiques, à faible coût.** La poudre entière de manioc peut être stockée en toute sécurité pendant 2 ans à la température ambiante, ce qui prolonge considérablement la durée de stockage. Les besoins du site de stockage ne sont pas élevés, ce qui peut considérablement réduire la capacité de stockage, économiser l'investissement en immobilisations et faciliter la promotion et l'application.

(2) **Production flexible et facile à utiliser.** Les entreprises de transformation alimentaire qui utilisent la poudre entière de manioc en tant que matière première peuvent éviter efficacement les effets néfastes de l'approvisionnement saisonnier en matières premières sur la production. Il est facile à utiliser et

peut augmenter la taille et l'industrialisation des entreprises en fonction de la demande de production annuelle du marché.

(3) **Réduisant la pollution et protégeant l'environnement.** Lors de la transformation de la poudre de manioc entière en poudre, seule une petite quantité de《matériel de coupe》solide est produite. Cette partie du《matériau de coupe》alimente des matières premières importantes pour le traitement et les eaux usées de lavage peuvent être rejetées après avoir été précipitées ou utilisées pour l'irrigation sur des terres agricoles sans impact négatif sur l'environnement.

(4) **Large gamme d'utilisations, sûres et saines.** La poudre entière de manioc est un produit déshydraté du manioc frais, riche en fibres alimentaires et en amidon résistant, offrant une nutrition, une saveur et un goût de manioc frais, une bonne réduction de la réhydratation et une possibilité de reprise du traitement. Il peut être largement utilisé comme matière première pour la transformation d'une variété de produits à base de manioc ou comme additif pour une autre transformation alimentaire.

Chapitre 4 Techniques de traitement de l'amidon de tapioca et de l'amidon modifié

62. Qu'est-ce que l'amidon de tapioca? Quelle utilisation?

L'amidon de tapioca est une poudre blanche obtenue par le processus de 《nettoyage→broyage→extraction de l'amidon→séparation du lisier→filtration fine élimination du sable→élimination du jus→purification de la concentration→déshydratation→séchage》. L'amidon de tapioca est largement utilisé dans les aliments, les boissons, les confiseries, les produits chimiques, les adhésifs, le papier, les textiles, les produits pharmaceutiques et les matériaux biodégradables. Pour les méthodes de test de divers indicateurs et de qualité, on peut se référer aux normes de *Amidon de tapioca comestible* (GB/T 29343 - 2012) et de *Amidon de tapioca industriel* (QB. 2-92).

63. Qu'est-ce que l'amidon modifié au manioc, à quoi sert-il?

Afin d'améliorer les performances de l'amidon de tapioca et d'élargir son domaine d'application, un traitement physique, chimique ou enzymatique est utilisé pour introduire de nouveaux groupes fonctionnels sur la molécule d'amidon de tapioca ou modifier la taille moléculaire des granules d'amidon et d'amidon, modifiant ainsi les caractéristiques naturelles de l'amidon de tapioca (telles que la température de gélatinisation, la viscosité thermique, la stabilité, la stabilité au gel-dégel, la force du gel, la formation d'un film, la transparence, etc.), ce qui le rend plus adapté à certaines exigences de l'application, à ce traitement secondaire. L'amidon de manioc modifié est collectivement désigné sous le nom d'amidon dénaturé de manioc. Le bois d'amidon modifié de manioc est un matériau de base biologique "vert, écologique, renouvelable", largement utilisé dans les aliments, les médicaments, le textile, le papier, le pétrole, les aliments pour animaux, la céramique, les matériaux de construction, la protection de l'environnement, les nécessités quotidiennes et d'autres industries. Pour connaître les méthodes de détection de la qualité et des normes, veuillez vous reporter à la norme locale *Amidon modifié de manioc comestible* (DB 35/T 856 - 2008). Plusieurs domaines d'application peuvent être résumés selon leurs différents types.

(1) **Amidon oxydé.** Utilisé dans les agents d'encollage du papier, les adhésifs de revêtement, l'adhésif pour la production de papier ondulé, la colle pour sachets en carton, la gomme arabique pour la fabrication de bonbons, l'agent d'encollage pour blanchir et teindre.

(2) **Amidon acidolytique.** Il est utilisé comme agent auxiliaire et excipient pour la fabrication de bonbons à base de gelée et d'éosine; le dimensionnement des machines à papier mates pour l'industrie papetière, les agents d'encollage pour les chaînes, le lavage des tissus après le finissage, le collage des panneaux de gypse.

(3) **Amidon réticulé.** Epaississants aux boîtes de conserve, à la sauce d'huîtres et au yaourt, auxiliaires de fabrication de

dangmyeon, adhésifs pour la production de papier ondulé, agents anti-adhérents pour gants en latex, apprêt des tissus de chanvre et de denim.

(4) **Amidon cationique.** Produit d'ensimage agent de renforcement et auxiliaire de rétention pour tissus humides, agent d'ensimage pour revêtement, agent d'ensimage pour chaîne, additif pour purification des eaux usées, production adhésive de papier gommé.

(5) **Amidon phospholipide.** Agent d'encollage pour papier; adhésif pour la production de papier ondulé, de carton, de sacs en papier; agent d'encollage pour chaîne en fibre de polyester; agent antitartre pour chaudière.

(6) **Amidon de vinaigre.** Agent d'encollage textile, épaississant alimentaire, émulsifiant alimentaire.

(7) **Amidon carboxyméthylique.** Additifs adjuvants, épaississants, stabilisants et liants alimentaires, agents de traitement des boues de pétrole.

(8) **Amidon de carboxyalkyl.** Activateur de produit de lavage, auxiliaires textiles.

64. Comment faites-vous la distinction entre l'amidon de tapioca, l'amidon modifié au manioc, la farine de tapioca et la poudre entière de manioc?

L'amidon de manioc est principalement composé de glucides et d'une petite quantité de nutriments. L'amidon modifié au manioc est un composé qui modifie la structure, le traitement ou la synthèse des granules d'amidon par des méthodes physiques, chimiques ou biologiques. La variété de produits est supérieure à

3 000, et l'effet et les performances de l'application sont complètement différents. La poudre de tapioca est une substance pulvérulente après le traitement des racines de manioc par lavage, pelage, déchiquetage, séchage et pulvérisation. Elle contient environ 80% d'amidon, similaire à la farine de blé. La poudre de manioc entière est un produit en poudre préparé à partir du processus de pelage, de découpage en dés, de précuisson, de refroidissement, de compression, de remplissage, de séchage, de pulvérisation, de tamisage et d'emballage de racines de manioc. Ces quatre poudres peuvent être identifiées par l'eau.

(1) On dissout 1,0 g dans 50 ml d'eau et on agite pendant 10 minutes. La turbidité supérieure du liquide est constituée de farine de manioc et de poudre entière de manioc, et la clarification supérieure du liquide est constituée d'amidon de tapioca et d'amidon modifié de manioc.

(2) Le liquide trouble est chauffé après agitation, il est facile à gélatiniser et relativement clair: il s'agit de farine de manioc et le reste de poudre de manioc entière.

(3) Le liquide clarifié est chauffé après agitation et l'amidon de manioc est gélatinisé à environ 65℃, le reste étant de l'amidon modifié au manioc.

65. Quels sont les points clés du traitement de l'amidon de tapioca?

L'amidon de tapioca est un matériau physique traité par la racine de manioc riche en amidon, qui est lavée, broyée, séparée, déshydratée, séchée, tamisée et emballée. Après des décennies de développement, la transformation de l'amidon de tapioca en Chine était une technologie de production entièrement mécanisée issue de la technologie traditionnelle de《cellule à flux》, et toute l'industrie de la transformation de l'amidon est entrée dans la période d'intégration. Depuis 2003, l'Etat a publié la norme GB 25461 - 2010 *Normes relatives aux émissions de polluants de l'eau provenant de l'industrie de l'amidon* (GB/T 2713 - 2003) *Normes d'hygiène des produits d'amidon* (NY/T 875 - 2012) *Règles de révision des licences de production alimentaire d'amidon de tapioca* (édition 2010) (GB 2763 - 2012) *Nouvelles normes internationales pour les résidus de pesticides dans les aliments* (GB 25461 - 2010) *Normes relatives aux rejets de polluants de l'eau par l'industrie de l'amidon* et autres politiques connexes et mesures obligatoires pour l'industrie de la transformation de l'amidon, couvrant les matières premières, l'approvisionnement sur le marché et les ventes, la circulation et d'autres domaines ont joué un rôle important dans la réglementation du développement de l'industrie de l'amidon. La Figure 4 montre le processus de traitement de l'amidon de tapioca.

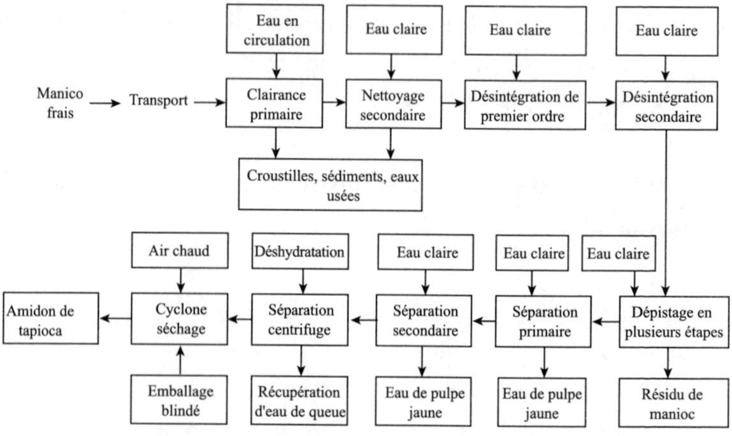

Figure 4　Traitement de l'amidon de tapioca

66. Comment augmenter le taux d'extraction de l'amidon de tapioca?

Le contrôle du processus de chaque section du processus de production de l'amidon de manioc aura une incidence sur le taux d'extraction de l'amidon. La teneur en amidon des matières premières de manioc frais doit généralement être supérieure à 25%, la pulvérisation étant la partie la plus importante affectant le taux d'extraction de l'amidon de manioc. La machine à aiguiser à haute efficacité peut libérer complètement les granules d'amidon dans les cellules de manioc afin de minimiser la teneur combinée en amidon du laitier de manioc. L'extraction centrifuge est une autre unité clé qui influe sur le taux d'extraction de l'amidon de manioc: son tamis et son procédé de centrifugation efficaces permettent d'extraire l'amidon libre des cellules de manioc et d'assurer une séparation maximale de l'amidon du résidu de manioc. Lorsque l'amidon est déshydraté, le filtrat est renvoyé dans le réservoir tampon de déshydratation pour y être récupéré, ce qui constitue également une étape importante pour augmenter le taux d'extraction de l'amidon de tapioca. Par conséquent, l'échantillonnage de la technologie de production propre à l'amidon de tapioca de pointe vise à améliorer le taux d'extraction de l'amidon de tapioca et l'assurance qualité de l'amidon de tapioca.

67. Quelles sont les principales raisons de la surcapacité de traitement de l'amidon de tapioca?

A l'heure actuelle, plus de 98% des entreprises de transformation de l'amidon de tapioca du pays produisent de l'amidon de tapioca frais avec du manioc frais comme matière première et seulement 2% environ utilisent des copeaux secs pour transformer l'amidon après la période de récolte du manioc frais. Selon les statistiques, la capacité de production d'amidon de tapioca en Chine est de 35 000 tonnes/jour. Si la production annuelle est de 120 jours, la production annuelle de produits à base d'amidon de tapioca atteindrait 4,2 millions tonnes, alors que la production réelle ne serait que de 680 000 tonnes. Cette production équivaut à 25 jours de traitement à 80% de la capacité nominale. Il en ressort que les entreprises nationales de traitement de l'amidon de manioc ont une courte période de transformation ou que la capacité de production de l'industrie est encore largement inutilisée et que la surcapacité existe toujours, principalement pour les raisons suivantes.

(1) **Les coûts de production sont pris en compte lors du traitement.** La transformation du manioc frais a le coût le plus bas (environ 10% de moins que les copeaux de manioc), mais la période de récolte du manioc frais est courte et ne résiste pas au stockage. La concentration annuelle est principalement de novembre à février (près de 4 mois). La période de traitement de nombreuses entreprises de transformation de l'amidon est inférieure à 100 jours, tandis que la période de traitement de l'amidon de manioc dans la principale région productrice de manioc du Guangxi est de 50 jours. Cette courte période de traitement permet aux entreprises de transformation de maximiser la capacité de la chaîne de production à court terme, réduisant ainsi les coûts.

(2) **La matière première pour la production d'alcool de manioc (y**

compris l'éthanol-carburant) est principalement du manioc séché. Bien que le manioc séché soit facile à stocker et que le prix d'achat présente certains avantages, le coût de production d'alcool de manioc à partir de maniosc frais est plus bas, ce qui entraîne une concurrence féroce sur le marché des matières premières du manioc frais. Les entreprises de transformation de l'amidon acquièrent et traitent autant que possible de grandes quantités de maniocs frais et accroissent leur capacité de production pour la transformation.

(3) **Tenue en compte de la demande du marché pour les produits.** La demande actuelle sur le marché de l'amidon est principalement constituée d'amidon de manioc frais, et la qualité, le prix et l'application de produits à base d'amidon de manioc frais sont meilleurs que ceux d'amidon sec de manioc. La plupart des entreprises de transformation de l'amidon préfèrent maximiser la production d'amidon de tapioca frais à court terme et hésitent à prolonger la période de production suivant la période de récolte du manioc frais, car elles sont utilisées pour transformer l'amidon sur la même chaîne de production.

68. Quel est l'état actuel du traitement de l'amidon de tapioca?

Il existe actuellement dans le pays près de 100 entreprises de transformation de l'amidon de tapioca, dont plus de 40 dans le Guangxi, qui produisent toutes de l'amidon de tapioca avec du manioc frais en tant que matière première. En raison des limitations et des influences du marché des matières premières et de l'amidon, l'état actuel du traitement de l'amidon de tapioca est le suivant.

(1) **Le nombre d'entreprises est en diminution constante.** L'industrie chinoise de transformation de l'amidon de tapioca a débuté dans les années 50. A la fin des années 1980, en raison de la forte augmentation de la demande du marché, l'industrie de la fécule de tapioca s'est développée rapidement, le nombre d'entreprises a augmenté, la taille et la production ont augmenté. La société a adopté des technologies de pointe telles que《le nettoyage en trois étapes, la désintégration secondaire, le lavage à contre-courant, la séparation centrifuge secondaire et le séchage par flux pulsé à pression négative de premier étage》. Le niveau de technologie de production est constamment amélioré en sélectionnant des équipements avancés tels qu'un tamis à pression, un tamis centrifuge vertical, un séparateur à disque, une centrifugeuse à raclette, un sécheur à pression négative de premier étage et un four de chauffage à l'huile thermoconductrice. Le niveau de technologie de production continue à augmenter. Le nombre d'entreprises de transformation de l'amidon est passé de 232 en 2005 à 98 en 2016, principalement dans les provinces du Guangxi, Hainan, Yunnan, Guangdong, Fujian, Jiangxi et Gansu.

Avec l'application des《mesures de protection de l'environnement》nationales et le rôle de la concurrence sur le marché et de la réglementation des politiques macroéconomiques, les entreprises de transformation de l'amidon survivront au mieux, élimineront les capacités de production rétrogrades et les petites et grandes entreprises. Les paramètres de processus tels que le rendement de la transformation de l'amidon de manioc fini ont été progressivement optimisés. La capacité de production des entreprises de transformation de l'amidon a augmenté, passant de 0,5% de la production journalière de 100 tonnes en 2005 à 100% de la production journalière de 100 tonnes en 2012.

Les entreprises chinoises de transformation de l'amidon de tapioca sont principalement réparties dans les principales régions productrices de matières premières. Parmi eux, le Guangxi représentait 66%, le Yunnan 11%, Hainan 8%, le Guangdong 11%, le Jiangxi 1%, le Fujian 2% et le Hunan 1%.

(2) **La technologie de production continue d'innover.** L'industrie chinoise de transformation de l'amidon de tapioca a débuté dans les années 1950. L'industrie nationale de transformation de l'amidon de tapioca a été modernisée grâce à la technologie de production à《cellules à flux continu》. Actuellement, pour les caractéristiques du manioc, les entreprises de transformation adoptent généralement une technologie de production avancée, scientifique, raisonnable et mature pour réaliser toute la production mécanisée. Le niveau de technologie de production, le taux de récupération de l'amidon commercial et la qualité des produits transformés ont tous été grandement améliorés et divers indicateurs techniques ont atteint un niveau élevé.

Selon les statistiques, le taux de récupération de l'amidon de tapioca produit dans le commerce a augmenté de 2,35% par rapport à la fin du《dixième plan quinquennal》, le plus élevé étant de 90,1% et le plus faible de 87,59%. En 2012, les économies de matières premières (fraîches) de manioc s'élevaient à 893 000 tonnes. On peut constater que le niveau de consommation matérielle de la transformation de l'amidon de tapioca a diminué, mais le niveau des entreprises est inégal, ce qui constituera le point de départ de la transformation du《douzième quinquennat》de l'industrie.

La consommation de charbon (charbon standard) de la production d'amidon de tapioca et d'autres produits est de 0,075 à 0, 13 tonne. Après la campagne 2009/2010, en raison de la mise en œuvre stricte des politiques de protection de l'environnement, et de l'utilisation généralisée du biogaz produit par le traitement anaérobie des eaux usées en tant que combustible, la consommation de charbon a fortement diminué et le recyclage a commencé à se produire. Il a été promu et utilisé dans de nombreuses entreprises.

(3) **Le marché de l'amidon est en forte demande.** Pendant longtemps, en raison de la limitation des ressources en terres plantées, la superficie plantée en manioc était comprise entre 433 300 et 466 700 ha, la production de manioc était d'environ 8 millions tonnes et la production d'amidon ne représentait que 3,72% à 5,23% de la production totale d'amidon en Chine. Avec l'amélioration du niveau de vie de la population, l'amidon est largement utilisé dans la production nationale de nombreuses industries et la demande du marché a doublé. Les industries dans lesquelles l'amidon est principalement utilisé sont présentées du Tableau 5 au Tableau 8.

Selon les statistiques, le taux de développement de l'application d'amidon dans divers domaines en Chine augmente généralement de plus de 7% par an (comme l'industrie du MSG), plus vite que 17% (comme l'industrie de l'amidon modifié) et de plus de 36% (comme le secteur des plats instantanés). Cela a grandement favorisé le développement de l'industrie de l'amidon. D'autre part, depuis l'introduction de la politique de macro-ajustement visant à restreindre le développement de l'industrie de transformation en profondeur du maïs en décembre 2006, l'utilisation de l'amidon de maïs en tant que source principale dans diverses industries connexes a été affectée dans une certaine mesure en 6 ans, ce qui a indirectement stimulé la forte demande du marché de l'amidon de tapioca.

Avec l'accord-cadre de coopération économique global conclu entre la Chine et l'ASEAN de 2005, le plan de réduction des impôts sur la zone de libre-échange Chine-ASEAN est pleinement lancé, le droit de douane moyen de la Chine sur l'ASEAN sera réduit de 9,8% à 0,1%, tandis que les 6 Etats membres: Brunei, Indonésie, Malaisie, Philippines, Singapour, Thaïlande, le tarif moyen appliqué à la Chine passera de 12, 8% à 0,6%. Parmi eux, les produits animaux et végétaux importés par les pays de l'ASEAN ont tous appliqué un tarif zéro, ce qui indique que l'Accord de Zone de Libre-Échange de l'ASEAN est officiellement entré dans la phase de mise en œuvre. Il marque également l'entrée dans la phase de mise en œuvre complète et approfondie de la zone de libre-échange Chine-ASEAN. Sous l'impulsion de deux《leviers》préférentiels chez nous et à l'étranger, les entreprises nationales de transformation de l'amidon ont importé un grand nombre de produits à base de manioc des pays de l'ASEAN afin de répondre à la forte demande du marché de l'industrie de la transformation de l'amidon.

(4) **Les bénéfices de l'industrie ont diminué d'année en année.** En

2012, en raison de la dégradation de l'environnement économique interne et externe, conjuguée à l'expansion continue de la capacité industrielle, aux coûts de transformation élevés dus à la pénurie de matières premières, à l'augmentation des investissements dans les fonds de protection de l'environnement, à l'impact de l'amidon de tapioca dans les pays voisins comme l'ASEAN, l'industrie de transformation de l'amidon de tapioca est dans une situation difficile et la vitesse de consolidation de l'industrie augmente. En raison de l'environnement intégré dans lequel se situe le secteur, des indicateurs tels que les marges bénéficiaires et les taux d'exploitation du secteur sont à des niveaux historiquement bas. Depuis la tendance des cinq dernières années, le prix de l'amidon suit de près les matières premières du manioc et n'a pas modifié les caractéristiques du traitement brut et des produits à faible valeur ajoutée. Le prix des matières premières du manioc a augmenté davantage que celui de l'amidon de tapioca: la rentabilité de l'industrie de l'amidon a chuté de près de 90% par rapport à il y a 5 ans, et la situation globale des bénéfices de l'industrie a affiché une tendance à la baisse. Après 2010, la plupart des entreprises de transformation de l'amidon sont dans un état de préservation ou de perte de capital.

(5) **Le taux d'utilisation global des sous-produits de transformation est en augmentation.** Lors de la transformation de l'amidon de tapioca, de nombreux sous-produits tels que la peau de manioc, les résidus de manioc, l'eau de pulpe jaune et les eaux usées sont inévitables. Actuellement, selon les statistiques des entreprises de production moyenne d'amidon, on peut produire 0,16 tonne de peau de manioc (teneur en eau de

55%), 2,8 tonnes de résidus de manioc (teneur en eau de 80%) et 0,14 tonne d'amidon à pâte jaune (teneur en eau de 14%) et 15 - 25 m^3 des eaux usées. Avec le développement de la technologie, un nombre aussi important de sous-produits ont été progressivement utilisés, notamment la peau de manioc, les résidus de manioc et les eaux usées.

① Peau de tapioca. A l'heure actuelle, la peau de manioc est généralement utilisée de manière généralisée au moyen d'accumulation et de fumier, sa fonction principale pouvant être utilisée comme substrat de rempotage au lieu de substrat mélangé de tourbe de coco et de sol tourbeux, mais aussi comme engrais de base pour améliorer la croissance du sol et des plantes. Ou en stérilisant et en désinfectant, et en complétant avec d'autres matériaux dans des proportions différentes (telles que la bagasse, la tourbe de coco, la sciure de bois, etc.) pour préparer le substrat de culture des plants. En 2012, Chen Xiaoming a découvert que la peau de manioc était riche en substances actives et qu'elle séparait avec succès des substances actives telles que la coumarine, l'anti-acétylcholinestérase (AChE) et l'anti-butyrylcholinestérase (BuChE) par la technologie ultrasonique, ce qui a ouvert un nouveau champ d'utilisation globale de la peau de manioc.

② Résidus de manioc. 11 des 145 entreprises de transformation de l'amidon réellement créées en 2012 en Chine étaient équipées de chaînes de production de séchage de scories de manioc, représentant 7,6% du total des entreprises de transformation. Dans le Guangdong et le Guangxi, 11 entreprises ont utilisé du laitier de manioc pour sécher les matériaux composites destinés au carton et aux panneaux de particules afin de fabriquer des adhésifs de revêtement isolant au silicate et des ingrédients pour l'alimentation animale. Certaines entreprises utilisent du laitier de manioc frais pour produire du biogaz, ce qui représente 20% du total des entreprises de transformation de l'amidon. Dans le Guangxi, une entreprise utilise des scories de manioc pour produire des pots de fleurs et autres plateaux jetables (400 tonnes par an). De nombreuses entreprises du Fujian, Guangdong et Guangxi utilisent des résidus de manioc frais pour cultiver les matériaux de base des champignons comestibles (tels que Flammulina, le champignon noir, Pleurotus ostreatus, Pleurotus eryngii et le champignon Shimitake).

Cinq entreprises du Guangxi et du Guangdong utilisent de l'alcool pour produire de l'alcool. Certaines entreprises de transformation du Guangdong et du Guangxi utilisent les résidus de manioc pour sécher la chaudière et le brûlent au lieu du charbon standard: 1,4 tonne de résidus de manioc secs équivaut à l'énergie d'une tonne de charbon standard. A Hainan, dans le Guangdong, le Guangxi, le Yunnan et d'autres endroits, les scories fraîches de manioc sont directement utilisées pour l'alimentation du bétail et de la volaille, qui peuvent remplacer 60% à 80% des aliments pour maïs, représentant 75% de l'ensemble des entreprises de transformation de l'amidon. L'installation de transformation de l'amidon de manioc du Yunnan utilise des scories de manioc fraîches comme aliments pour l'élevage, ce qui a favorisé le développement à grande échelle de l'élevage local: promouvoir le développement des bovins de boucherie, des porcs et d'autres industries aquacoles grâce au système unique de fonctionnement industriel 《entreprises dirigeantes + bases + associations industrielles+syndicats professionnels de l'élevage+agriculteurs+marché》, ce qui a formé une chaîne industrielle de transformation, de vente, de restauration et de plantation de produits animaux tels que l'élevage de bovins de boucherie et de porcins. Les bovins et les porcs commerciaux ont été vendus dans tout le pays et le modèle de développement durable《économie d'amidon de manioc→sous-produits de transformation→élevage→plantation→transformation d'amidon de tapioca》a été obtenu.

③ Eaux usées. Deux entreprises de transformation du Guangxi utilisent des scories de manioc fraîches, des grains d'alcool et leurs eaux usées pour produire du gaz de biomasse destiné à l'automobile. Toutes les entreprises d'amidon, d'amidon modifié et de transformation du Guangxi sont équipées de COD et du《contrôle en ligne》de l'azote ammoniacal. La plupart des entreprises de transformation de l'amidon du Guangdong, Yunnan, Hainan et Jiangxi ont installé le《contrôle en ligne》de COD. Dans le Guangxi, deux entreprises utilisent des scories de manioc (résidus de distillateur de manioc) et des eaux usées pour produire du gaz de biomasse (jusqu'à 100 000 m^3), ce qui représente 1,38% du total des entreprises de traitement.

Les eaux usées de la plupart des entreprises de transformation de l'amidon au Yunnan ont été traitées comme des《engrais liquides》pour l'irrigation agricole, ce qui a partiellement résolu le problème de la sécheresse au Yunnan pendant de nombreuses années. Un petit nombre d'entreprises de traitement n'ayant pas de《contrôle en ligne》de COD à Hainan ont appliqué des normes de traitement des eaux usées pour l'irrigation agricole. Toutes les entreprises de traitement de l'amidon sont équipées de systèmes de traitement des eaux usées 《anaérobies, aérobies》. Certaines sociétés à travers le pays ont commencé à utiliser 《l'eau anaérobie》 pour l'irrigation agricole comme engrais liquide (COD<100).

69. Quels sont les principaux points clés du traitement de l'amidon modifié au manioc?

Afin de répondre aux exigences de diverses applications industrielles et de créer de nouvelles utilisations de l'amidon, l'amidon d'origine est passé par certains moyensphysiques ou chimiques afin d'améliorer les propriétés physiques et chimiques de l'amidon d'origine, de sorte qu'il puisse mieux répondre aux exigences d'applications différentes et pour que l'effet soit meilleur et l'utilisation soit plus large. Il existe de nombreux types de produits, appelés collectivement amidon changé ou amidon modifié. Le processus principal de son traitement est illustré à la Figure 5.

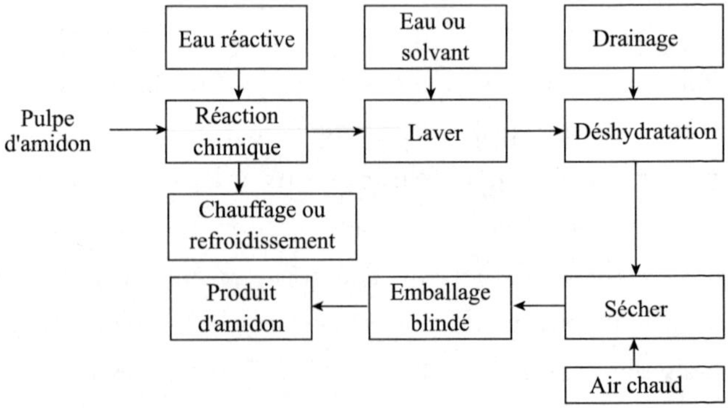

Figure 5 Processus de traitement de l'amidon modifié au manioc

Selon les matières premières et les besoins du marché, la production d'amidon modifié de manioc peut être divisée en divers équipements technologiques de production d'amidon modifié, tels que 《méthode par voie humide, méthode par voie sèche, méthode de pré-gélatinisation》 et méthode de production d'amidon modifié multi-composants. La méthode par voie humide est une méthode de production dans laquelle une matière première d'amidon est soumise à une réaction de dénaturation dans un état liquide et dans certaines conditions, le solvant pouvant être de l'eau ou d'autres substances chimiques; la méthode par voie sèche est une matière première d'amidon qui est sèche. La 《méthode de pré-gélatinisation》 consiste à produire la pulpe d'amidon modifiée au moyen d'un équipement de production de 《 pré-gélatinisation au rouleau》. Son produit présente les caractéristiques d'être soluble dans l'eau froide.

70. Quelle est la perspective du marché de l'amidon modifié au manioc?

Le produit à base d'amidon modifié de manioc est une nouvelle génération de matériaux biologiques à base de plantes 《vertes, écologiques et renouvelables》, avec la technologie de production de plus en plus sophistiquée de dégénérescence du manioc, le besoin de produits riches et variés et les tendances de consommation vertes, ainsi Il est important de noter que l'amidon modifié au manioc a remplacé les produits pétrochimiques dans de nombreux domaines, notamment dans les domaines de l'alimentation, de la médecine, du papier, du pétrole, de l'alimentation, de la céramique, des matériaux de construction et de la protection de l'environnement. Les avantages en termes de performances de l'amidon modifié au manioc avec une température de gélatinisation basse, une viscosité élevée, un liquide de pâte transparent, une bonne formation de film et une forte perméabilité saisiront activement d'autres marchés nationaux et étrangers de l'amidon modifié. Grâce au développement continu de nouveaux domaines d'application de l'amidon modifié de manioc pour ouvrir de nouveaux marchés, l'amidon modifié à usage spécifique à haute valeur ajoutée est plus compétitif sur le marché.

Comparé à d'autres amidons modifiés, l'amidon modifié de manioc présente les avantages suivants: faible teneur en protéines, forte teneur en amylopectine, degré de polymérisation élevé, basse température de gélatinisation, haute transparence du liquide de la pâte, bonne formation de film et forte perméabilité. Ces excellentes caractéristiques répondent aux exigences de performance des applications de différents domaines d'application, notamment la demande de l'industrie de l'amidon modifié comestible, qui a évidemment augmenté ces dernières années. C'est également l'une des principales raisons de l'augmentation annuelle des importations d'amidon de tapioca et, dans certaines applications, l'amidon modifié de maïs est difficile à remplacer par l'amidon modifié de manioc. Les Etats-Unis, l'Union européenne, le Japon et d'autres pays qui utilisent le maïs et la pomme de terre comme matière première pour produire de l'amidon modifié, mais doivent encore construire des usines d'amidon modifié au manioc en Thaïlande, en Indonésie, au Brésil et dans d'autres pays riches en manioc pour produire de l'amidon modifié.

71. Quels sont les principaux problèmes liés au traitement de l'amidon de tapioca en Chine?

L'industrie de la fécule de tapioca est l'une des industries importantes des cultures économiques tropicales en Chine, largement utilisée dans divers secteurs de la production économique nationale et liée à la vie quotidienne de la population. Après des années de développement, l'industrie chinoise de transformation de l'amidon de tapioca en Chine a une certaine envergure et une base de développement, et possède ses propres caractéristiques et avantages, mais de nombreux problèmes demeurent.

(1) **La structure des entreprises est déraisonnable et l'industrie est inégalement répartie.** Les entreprises de transformation de l'amidon sont principalement concentrées dans la zone de production de matières premières de manioc, la structure des entreprise est déraisonnable, la capacité de transformation est en expansion aveugle et son taux de croissance dépasse le niveau de croissance de la production de manioc. La construction répétée est grave, et la concurrence pour les matières premières, la concurrence du marché et la concurrence désordonnée rendent la production de matières premières《généralement insuffisante》.

(2) **Contenu technique faible et qualité de produit instable.** Les entreprises de transformation de l'amidon sont principalement des industries de transformation extensives, La qualité des matières premières est mixte, les produits primaires sont nombreux, le niveau est bas, la qualité du produit est instable, la valeur ajoutée est faible et le coût de transformation est

élevé. Les produits《spécialisés, distinctifs》à forte valeur ajoutée et les produits de qualité stable dépendent toujours des importations et les produits manquent de compétitivité. Par contre, le niveau de technologie de traitement de la plupart des entreprises n'est pas élevé: la consommation de matières premières de manioc, la consommation d'eau, le charbon (électricité) et le rejet des tonnes d'amidon par les eaux usées sont encore relativement élevées, l'utilisation globale des ressources est insuffisante et les avantages généraux sont faibles. Il y a toujours un grand fossé avec le niveau avancé. En raison du cycle de production court et de la faible capacité de contrôle de la pollution, les petites entreprises ne peuvent obtenir des rejets stables de polluants et des risques cachés de pollution de l'environnement.

(3) **Le système de gestion et de contrôle de la qualité n'est pas parfait.** Un nombre considérable de PME adoptent encore les méthodes de gestion en amont traditionnelles. Le processus de production ne met pas strictement en œuvre des normes techniques de qualité et il est difficile de s'intégrer au marché international, ce qui a de graves conséquences sur la qualité des produits à base d'amidon de tapioca.

(4) **La capacité de traitement globale est faible et le taux d'utilisation globale des ressources n'est pas élevé.** Bien que le taux d'utilisation globale des sous-produits de la transformation du manioc ait augmenté, plus de 85% des entreprises de transformation de l'amidon de manioc sont des produits primaires, avec une chaîne industrielle courte et une faible industrialisation. La plupart des sous-produits de la transformation sont des traitements simples, les entreprises ne peuvent pas atteindre une économie circulaire et

les avantages économiques globaux sont faibles.

L'existence de ces problèmes entrave gravement le développement sain de l'industrie de l'amidon de tapioca et l'amélioration de la compétitivité, Il existe un besoin urgent d'intégration industrielle, d'augmentation de la concentration industrielle, d'amélioration des technologies de production et de la technologie des produits, et du renforcement de la lutte contre la pollution et du recyclage.

72. Quels sont les principaux problèmes rencontrés dans le traitement de l'amidon modifié au manioc?

Afin de répondre aux exigences de diverses applications industrielles et de créer de nouvelles utilisations de l'amidon, l'amidon d'origine est modifié par certains moyens physiques ou chimiques afin d'améliorer les propriétés physiques et chimiques de l'amidon d'origine, de sorte qu'il puisse mieux répondre aux exigences d'applications différentes et pour que l'effet soit meilleur et l'utilisation soit plus large. Il existe de nombreux types de ce produit, appelés collectivement amidon changé ou amidon modifié.

(1) **En retard dans la construction du système de standardisation des matières premières.** La normalisation des matières premières d'amidon de tapioca est insuffisante, ce qui affecte gravement la qualité et la stabilité des produits à base d'amidon modifié. En 2012, parmi les 42 entreprises qui utilisaient l'amidon de manioc comme matière première pour produire de l'amidon modifié de manioc en Chine, seules trois avaient leur propre base de production de matières premières à petite échelle, mais les matières premières produites par ces bases de

production étaient loin de satisfaire la production des entreprises elles-mêmes. Par conséquent, la plupart des matières premières nécessaires à la production dans l'entreprise sont achetées sur le marché. L'amidon de manioc sur le marché présente des performances différentes, telles que: amylopectine, température de gélatinisation, pic de viscosité, etc. , entraînant une qualité instable des matières premières. La source est l'absence d'un système normalisé sur le marché des matières premières et le marché manque sérieusement de matières premières 《d'amidon de tapioca de haute qualité, spéciales et stables》. Par conséquent, il est difficile pour les entreprises de transformation de l'amidon modifié de trouver des matières premières appropriées et stables combinées aux besoins du marché des applications, ce qui oblige les entreprises de production d'amidon modifié de manioc à développer des produits distinctifs, à forte valeur ajoutée et hautement compétitifs. Le développement de la transformation en profondeur de l'amidon commence souvent à partir de semis, la chaîne complète 《production-transformation》 de 《semis→culture → transformation de l'amidon → transformation en profondeur de l'amidon → application du marché》 réalise la chaîne industrielle 《orientée marché》 au sens véritable.

(2) **Les talents professionnels ont développé des défauts.** Bien que l'amidon modifié de manioc se soit développé rapidement, le taux de croissance annuel moyen est de 27%, ce qui est beaucoup plus élevé que le taux de croissance moyen de l'économie nationale chinoise, mais les compétences de la société en matière de recherche et développement, de production,

d'application et de compétences techniques et de gestion font cruellement défaut. Étant donné que la production et le développement de l'amidon modifié au manioc ne font pas double emploi avec une technologie et un processus de production simples, il regroupe plusieurs opérations unitaires telles que la chimie, l'électronique, les machines, le contrôle des produits, la gestion d'entreprise, la connaissance multidisciplinaire et l'intégration des technologies d'application dans de nombreux domaines. Par conséquent, la force du personnel technique de recherche et développement et de gestion des producteurs d'amidon modifié de manioc est directement liée au positionnement de leurs produits et à l'effet du développement du marché, la crise des talents dans le développement de l'amidon modifié au manioc est toujours évidente. Il y a plusieurs raisons à cela.

(3) **Le système de normalisation des produits n'est pas parfait.** Les entreprises de production d'amidon modifié de manioc accordent de plus en plus d'attention à la normalisation de la fabrication d'amidon modifié, et les questions de sécurité alimentaire ont de plus en plus retenu l'attention. Après l'adhésion de la Chine à l'OMC, grâce aux efforts conjugués de techniciens et d'entreprises du secteur, l'élaboration de plus de 30 normes nationales relatives à l'amidon modifié a sans aucun doute joué un très bon rôle dans la réglementation de la production, de la gestion et de l'application de l'amidon modifié. Cependant, avec l'introduction de la loi sur la sécurité alimentaire, les consommateurs sont de plus en plus sensibilisés à la sécurité alimentaire. La norme nationale pour les produits à base d'amidon modifié n'a pas été mise en

œuvre, ce qui prive les《avantages caractéristiques》de l'amidon modifié de manioc de ne pas être pleinement exercée, ce qui affecte gravement le suivi de la production, l'application du produit et la part de marché de l'amidon comestible modifié. Au cours des dernières années, de nombreux incidents majeurs liés à la sécurité publique dans l'industrie alimentaire ont poussé les consommateurs à se préoccuper de plus en plus de la sécurité des denrées alimentaires, et les lois et règlements pertinents sont de plus en plus stricts. Il y a une pression énorme sur la façon de consommer l'industrie de l'amidon modifié au manioc dans un développement sain et régulier. Avec l'émergence de nouvelles normes nationales, telles que *Limites dans les aliments* (GB 2762 - 2012), *Limites maximales de résidus de pesticides dans les aliments* (GB 2763 - 2012), les entreprises de transformation de l'amidon modifié à partir du manioc ont été très préoccupées. Il est nécessaire non seulement d'appliquer strictement les lois et réglementations pertinentes du pays dans le processus de production, mais également de prêter attention aux sources sûres de matières premières pour la production. A partir de 2010, certaines entreprises leaders dans la production d'amidon modifié de manioc dans le Fujian, le Guangdong et le Guangxi ont investi dans la création d'une base de plantation《variété de manioc comestible》pour leur propre développement, depuis le début de la plantation jusqu'à l'ensemble du processus de production. Du début de la plantation à l'ensemble du processus de production, nous explorerons un《cheminement de santé》pour la production de produits à base d'amidon modifié de manioc, sûrs, naturels, à large spectre et à haute efficacité, soumis aux《recherche, développement, production et application》d'additifs alimentaires. jouera un rôle dans la promotion du développement sain de l'industrie chinoise de l'amidon modifié au manioc.

(4) **La spécialisation des produits à base d'amidon modifié au manioc est insuffisant.** La sérialisation des produits à base d'amidon modifié au manioc ne suffit pas. Il manque d'équipement《dédié》à l'amidon modifié au manioc, la qualité du produit est instable. Dans les pays développés tels que les États-Unis, il existe plus de 3 000 produits sérialisés à base d'amidon modifié et une série de produits de divers types d'amidon modifié. En Chine, il n'existe que 26 variétés de produits à base d'amidon modifié à partir de manioc fabriqué à partir d'amidon de tapioca, et environ 2 000 produits en série, et des centaines de produits à base d'amidon modifié dans d'autres matières premières contenant de l'amidon . La sérialisation est encore très inférieur à celui des pays développés. Bien que l'entreprise《leader》de l'amidon modifié de manioc dispose de son propre《centre de recherche et de développement》, elle est loin d'être insuffisante pour l'investissement de fonds et l'utilisation d'équipements et de personnel de test. C'est aussi la raison principale pour laquelle certains produits à base d'amidon modifié à base de manioc à haute valeur ajoutée sont encore monopolisés par des pays étrangers. Comme la forte proportion de PVA de pâte chimique utilisée dans la suspension d'amidon modifié au manioc à haute densité textile, remplace complètement le latex de styrène-butadiène spécifique au papier, l'amidon modifié au latex de styrène-butadiène bio-gel, les adhésifs de construction peuvent remplacer complètement les《adhésifs

d'amidon modifiés chimiquement》 utilisés dans les《adhésifs chimiques》. C'est dans les pays de l'Asie du Sud-Est que le développement, la production et l'application de l'amidon modifié au manioc ont commencé tardivement, et il existe un grand élan à rattraper.

Du point de vue des équipements, la plupart des équipements de production d'amidon modifié de manioc en Chine sont des équipements non spécialisés conçus et sélectionnés en Chine. Par exemple, le système de séchage《méthode par voie humide》sur la chaîne de production est basé sur l'équipement de séchage à l'air couramment utilisé dans l'industrie chimique. Par exemple, le système de déshydratation de la chaîne de production《méthode par voie humide》est basé sur l'équipement de déshydratation commun de l'industrie chimique, il ne conçoit pas l'équipement de déshydratation selon la《capacité de gonflement》et la《déshydratation difficile》du produit à base d'amidon modifié, ce qui entraîne les problèmes de consommation d'énergie élevée et d'efficacité de production faible dans le processus de production, d'efficacité de réaction faible des produits et de qualité instable des produits.

(5) **La technologie de traitement des《trois déchets》doit être améliorée.** En raison de la méthode de la production d'amidon modifié au manioc est différente, ses traitements des《trois déchets》sont différents. Par exemple, La《méthode par voie sèche》et la《méthode de pré-gélatinisation》s'utilisent sans évacuation des eaux usées, et les gaz d'échappement évacués sont également évacués facilement conformément aux exigences. La production par《voie humide》est un processus de réaction chimique, et les eaux usées et les gaz résiduaires rejetés causeront une pollution à l'environnement immédiat

s'ils ne sont pas traités. En raison des différentes variétés de produits, les eaux usées produites par tonne de produit varient de 5 à 15 m^3. En raison des changements fréquents dans la variété des produits fabriqués, la quantité d'eaux usées rejetée est faible et instable, ce qui complique le traitement des eaux usées. En 2012, les entreprises qui utilisent la《méthode par voie humide》pour la production d'amidon modifié au manioc dans le pays utilisent toutes la méthode《anaérobie et bon échantillon》pour traiter les eaux usées.

73. Quels sont les principaux domaines d'application de l'amidon modifié au manioc?

L'application d'amidon modifié au manioc est très étendue (voir Tableau 10), y compris dans les industries du textile, du papier, de l'alimentation, des produits pharmaceutiques, des matériaux de construction et des aliments pour animaux. En outre, l'amidon dénaturé est également largement utilisé dans l'industrie pharmaceutique et minière. Comme l'hydroxyéthylamidon, l'hydroxypropylamidon remplacent le plasma sanguin, l'amidon fortement réticulé remplace le talc pour les gants chirurgicaux, l'amidon prégélatinisé est utilisé pour l'industrie de sélection des minéraux.

Tableau 10 Classification et utilisation de l'amidon modifié au manioc

Secteur d'application	Exigences de performance
Textile	Bonne viscosité, stabilité thermique et perméabilité, etc.
Fabrication du papier	Basse température de gélatinisation et bonne dispersion, etc.
Bonbons	Bonnes formation de film et transparence, etc.

(continue)

Secteur d'application	Exigences de performance
Nourriture congelée	Bonne stabilité à basse température et rétention d'eau, etc.
Nécessités quotidiennes	Bonnes propriétés hydrophiles et lipophiles, pouvoir de remplissage élevé, etc.
Médecine des nécessités quotidiennes	Bon gonflement et dispersibilité, etc.
Matériaux de construction	Bonne résistance, revêtement facile, etc.
Pétrole	Réduisant considérablement les pertes de fluide de boue et la vitesse d'obturation.
Coulage	Bonne concession et bon stockage, etc.
Porcelaine	Bonne stabilité à la lumière et à la chaleur et bonne adhésion, etc.
Traitement des eaux usées industrielles	Bonne performance d'adsorption et de floculation.
Fourrage	Bonnes solubilité dans l'eau et résistance à l'eau, etc.

Chapitre 5 Techniques de traitement de l'alcool de manioc

74. Quels sont les principaux procédés de traitement de l'alcool de manioc?

La technologie de traitement de l'alcool de manioc comprend six étapes, telles que le prétraitement des matières premières, la pulvérisation, la liquéfaction, la saccharification, la fermentation et la distillation. Le flux de processus principal est illustré à la Figure 6.

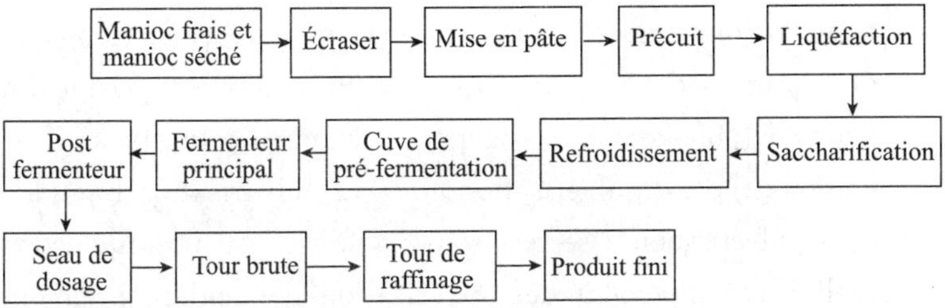

Figure 6 Processus de traitement de l'alcool de manioc

(1) **Prétraitement des matières premières.** Le prétraitement des matières premières comprend trois processus d'élimination des impuretés, de pelage et de nettoyage. Utilisez des écrans de cage et des aimants pour éliminer les impuretés majeures du matériau, notamment la saleté, le sable, les fibres grossières, les impuretés métalliques, etc. , afin de réduire les effets négatifs des impuretés sur l'écran de broyage et le

processus de fermentation. Le processus de pelage consiste à enlever la peau externe attachée à la surface du manioc, afin d'empêcher la peau de boucher le trou de tamis; le processus de nettoyage consiste à réduire les sédiments à la surface des matières premières, à améliorer la qualité des produits et la durée de vie des équipements.

(2) **Broyage des matières premières.** Le procédé de pulvérisation consiste à écraser la matière première dans un pulvérisateur pour réduire la taille des granulés de la matière première, à libérer les granules d'amidon et à augmenter la surface spécifique. Dans le traitement hydrothermal, la vitesse d'absorption d'eau de la matière première est accélérée, la température du traitement hydrothermal est abaissée, la vapeur de traitement hydrothermale est conservée, l'enzyme de saccharification est suffisamment mise en contact avec les granules d'amidon, le taux de conversion de l'amidon est amélioré et le transport du matériau dans le processus de production est facilité. En outre, la pulvérisation de matières premières peut être divisée en deux types: pulvérisation à sec et pulvérisation humide, et la pulvérisation à sec est souvent utilisée dans la production réelle. L'équipement de pulvérisation de matière première pour la production nationale d'alcool est principalement un pulvérisateur à marteau et se divise en deux classes: pulvérisation primaire (broyage grossier) et pulvérisation secondaire (broyage fin). La pulvérisation par voie humide fait référence à la pulvérisation en ajoutant une quantité appropriée d'eau à un pulvérisateur pendant la pulvérisation.

(3) **Liquéfaction.** Le processus de liquéfaction de la suspension d'amidon de tapioca est en réalité un processus d'hydrolyse

de chaînes d'amidon à chaîne longue en chaînes courtes, la structure en réseau de l'amidon est digérée et l'amidon est hydrolysé en polysaccharides et en dextrine. Le procédé de liquéfaction traditionnel utilise une cuisson à haute température et à haute pression, c'est-à-dire que les matières premières et l'eau sont mélangées en proportion, puis soumises à un traitement à haute température et à haute pression à 130 ℃. Avec la technologie d'ingénierie enzymatique avancée, la cuisson traditionnelle à haute température et à haute pression est progressivement remplacée. La liquéfaction peut être divisée en mode de cuisson et en mode de non cuisson. La méthode de liquéfaction de cuisson actuelle est essentiellement différente de la méthode de liquéfaction de cuisson traditionnelle à haute température et à haute pression, c'est une méthode de liquéfaction basée sur la technologie de préparation enzymatiquc. L'enzyme de liquéfaction (α-amylase) est largement utilisée dans le processus de liquéfaction pour liquéfier les matières premières. Selon la température de cuisson et la variété d'enzymes, il existe actuellement trois types de méthodes de cuisson et de traitement de liquéfaction: cuisson à température élevée, cuisson à température moyenne et cuisson à température basse. La cuisson à haute température entraîne la perte de substances fermentescibles dans les matières premières, la sécurité est médiocre; la cuisson à température moyenne est difficile à infecter les bactéries, mais les investissements dans les équipements de refroidissement sont importants, le prix de l'enzyme résistant aux températures élevées est élevé, le coût d'alcool est élevé; la cuisson à basse température permet d'économiser de la vapeur et de l'eau de refroidissement et la perte de substances fermentescibles est faible, mais la gélatinisation et la saccharification ne sont pas complètes, il est facile d'être infecté par des bactéries et la fermentation est riche en acide. La méthode sans cuisson s'appelle également le processus de fermentation de la matière première. Le processus de production d'alcool qui exclut complètement le prétraitement de l'amidon est une méthode sans cuisson. Cependant, à l'heure actuelle, la liquéfaction dans la fermentation de la matière première a un effet de saccharification plus faible que la cuisson.

(4) **Saccharification.** La saccharification est le processus de conversion de l'amidon à chaîne courte, la dextrine et le polysaccharide, en un sucre fermentescible. La saccharification est divisée en une phase de pré-saccharification et une phase de post-saccharification. Étant donné que les différentes particules d'amidon ont des temps de saccharification différents, il est impossible de convertir tout l'amidon en sucre en même temps. Il existe donc un processus de saccharification dans le processus de fermentation appelé post-saccharification. La saccharification est un processus biochimique complexe qui dépend de nombreux facteurs, tels que la quantité de glucoamylase ajoutée, la durée de la saccharification et la température de la réaction de saccharification. Les enzymes saccharifiantes jouent un rôle important dans la fermentation de l'alcool de manioc, qui décompose l'amidon contenu dans le manioc en sucres fermentescibles pour faciliter la fermentation de la levure alcoolique. La quantité de glucoamylase a une grande influence sur la fermentation de l'alcool. Une quantité trop faible de glucoamylase entraînera une fermentation incomplète et

une trop grande quantité d'enzyme de saccharification augmentera le coût de production. L'effet de la saccharification dépend non seulement de la quantité de glucoamylase ajoutée, mais également de la durée de saccharification. Si la durée de saccharification est insuffisante, la saccharification n'est pas complète, le rendement en vin est faible et si la durée de saccharification est trop longue, ce qui prolongera le cycle de croissance et réduira le taux d'utilisation de l'équipement. La température de saccharification a également un effet certain sur la saccharification: lorsque la température de réaction est supérieure à la température optimale, l'activité catalytique de l'enzyme de saccharification est abaissée et si la température est inférieure à la température appropriée, il est facile d'infecter les bactéries, donc le contrôle de la température de la saccharification est très important. Après des années d'expérience dans la fermentation de l'alcool de manioc, La quantité de glucoamylase ajoutée est de 100 à 200 μmol/g de matière première, la température de saccharification est de 58 à 62 ℃ et la durée de saccharification est de 30 à 60 minutes.

(5) **Fermentation.** Actuellement, la technologie de fermentation de l'alcool de manioc comprend principalement divers procédés tels que la fermentation par hydrolyse par étapes, la fermentation par l'hydrolyse simultanée, la fermentation de cellules immobilisées et la fermentation d'amidon brut.

① Processus d'hydrolyse et de fermentation séparé (SHF). Le processus du procédé SHF est caractérisé par une saccharification et une fermentation dans des réacteurs séparés. Le plus grand avantage de cette méthode est que chaque étape peut être réalisée à la température optimale, hydrolyse enzymatique à

45 – 50 ℃, fermentation à l'éthanol à 30 – 35 ℃; l'inconvénient majeur est que le sucre libéré lors de l'hydrolyse enzymatique reflétera l'activité de l'enzyme inhibitrice et que sa quantité devra être augmentée en conséquence.

② Saccharification et fermentation simultanées (SSF). C'est-à-dire que des réactions de saccharification et de saccharification de fermentation sont effectuées simultanément dans le même réacteur. Le glucose produit lors de l'hydrolyse enzymatique est rapidement utilisé par les microorganismes, ce qui soulage la rétro-inhibition du glucose par la cellulase et améliore l'efficacité de l'hydrolyse enzymatique. Le procédé de fermentation SSF a été développé depuis les années 1970 et est devenu le principal processus de production d'éthanol, qui est largement utilisé ici et à l'étranger. Par rapport au processus de fermentation par hydrolyse classique, étape par étape, l'utilisation du mode SSF pour fermenter les matières premières d'amidon pour produire de l'alcool élimine la section de saccharification et réduit la consommation d'énergie. Cela permet d'économiser un investissement en matériel. En outre, la saccharification et la fermentation sont effectuées en même temps, et la levure utilise facilement le glucose produit par la saccharification, supprimant ainsi l'inhibition du produit, maintenant l'activité de l'enzyme de saccharification et empêchant la croissance des bactéries. Les conditions optimales de traitement sont les suivantes: la granulométrie de la matière première pulvérisée est de 0,45 mm, le rapport liquide/eau est de 2 : 8, la durée de cuisson à 100 ℃ est de 300 minutes. La quantité d'α-amylase et de glucoamylase ajoutée était respectivement de 10 et 180 μmol/g et la fermentation était effectuée à 30℃ pendant 48 heures.

③ Procédé de fermentation de cellules immobilisées. Les cellules immobilisées sont une sorte de technique de fermentation dans laquelle les cellules sont restreintes par des facteurs physiques ou chimiques, ne peuvent se déplacer que dans une certaine limite d'espace et ne peuvent pas se déplacer librement. Les méthodes de fixation couramment utilisées incluent l'adsorption, l'incorporation, la réticulation, etc. Les supports de fixation couramment utilisés sont l'alginate de sodium, le carraghénane et le verre poreux. Le processus de fermentation de cellules immobilisées peut augmenter de manière significative la concentration de cellules dans le fermenteur, les cellules peuvent être utilisées en continu et la concentration en alcool de l'expectoration de fermentation peut être augmentée.

④ Fermentation avec des matériaux non cuits. La fermentation de la matière première est une technique dans laquelle la matière première est directement saccharifiée et fermentée par l'amidon de la matière première sans cuisson et gélatinisation. Le principe de base est que l'enzyme de saccharification de l'amidon brut est adsorbée à la surface des granules d'amidon pour former un complexe enzyme-amidon. La couche d'eau à la surface de l'amidon dans le complexe est détruite et les molécules d'eau pénètrent à l'intérieur de la molécule d'amidon et les liaisons amyloglucosidiques sont hydrolysées en dextrine et polysaccharide sous la catalyse d'enzymes de saccharification. La fermentation des matières premières a été développée dans les années 1990 et a été largement utilisée dans la fabrication du vin. Les pratiques de production montrent que par rapport aux méthodes de brassage traditionnelles: la fermentation de la matière première permet d'économiser 50% de la consommation d'énergie, 37% du coût, de réduire l'intensité du travail d'environ 30%, d'accroître le rendement du vin de 20% à 30%, de la bonne qualité du vin, etc. Cependant, les études sur la fermentation de la matière première dans la production d'alcool de manioc sont rares.

(6) **Distillation.** La distillation est un processus de séparation thermodynamique reposant principalement sur le point d'ébullition de chaque composant du système mixte liquide/solide, évaporant le composant à bas point d'ébullition, puis se condensant pour séparer tout le composant et une combinaison de deux opérations unitaires d'évaporation et de condensation. Par rapport à d'autres méthodes de séparation, telles que l'extraction, la cristallisation par filtration, la séparation sur colonne, etc., la distillation présente l'avantage de ne pas nécessiter l'utilisation de solvants autres que les composants du système, garantissant ainsi qu'aucune nouvelle impureté n'est introduite.

75. Qu'est-ce que l'alcool de manioc, quelle est la différence entre l'éthanol-carburant?

L'alcool de manioc, qui est produit en transformant les racines de manioc en tant que matière première principale. Lorsque la pureté de l'alcool de manioc atteint 99,5% ou plus, on peut parler d'éthanol de carburant.

L'éthanol carburant désigne généralement l'éthanol ayant une concentration volumique de 99,5% ou plus. Le carburant à l'éthanol est un carburant propre, à indice d'octane élevé et renouvelable.

76. Quelle est la différence entre l'éthanol de carburant, l'éthanol de carburant dénaturé et l'alcool comestible?

L'éthanol, communément appelé alcool. L'éthanol carburant désigne généralement l'éthanolanhydre ayant une concentration en volume de 99,5% ou plus. Le carburant à l'éthanol est un carburant propre, à indice d'octane élevé et renouvelable.

L'éthanol de carburant dénaturé est communément appelé alcool industriel et liqueur de feu industriel. L'ajout d'un dénaturant (méthanol ou méthanol+pigment) à l'éthanol peut être effectué conformément à la norme nationale *Éthanol de carburant dénaturé* (GB 18350－2013). L'éthanol de carburant dénaturé contient du méthanol, qui est toxique et présente un risque de cécité s'il est consommé. L'alcool dénaturé est généralement ajouté à des colorants et à du kérosène odorants, pour signaler qu'il n'est pas potable. Étant donné qu'il n'est pas potable, l'alcool dénaturé peut éviter la taxe de l'État sur les boissons alcoolisées, de sorte que son prix est relativement bon marché. C'est la raison principale invoquée par les commerçants au cœur noir pour utiliser l'alcool industriel.

L'alcool comestible, également appelé alcool distillé fermenté, est principalement utilisé dans l'industrie alimentaire pour l'utilisation d'alcool aqueux en utilisant des pommes de terre, des céréales et des sucres comme matières premières pour la cuisson, la saccharification, la fermentation, etc. Ses caractéristiques gustatives sont divisées en quatre parties: la couleur, l'arôme, le goût et le corps, ainsi que les quatre principales impuretés d'aldéhyde, d'acide, d'ester et d'alcool dans les spiritueux distillés. Les exigences actuelles de la Chine en matière d'alcool comestible ont établi une norme nationale stricte: *Alcool comestible* (GB 10343 - 2008).

77. Qu'est-ce qu'il veut dire E10 et E20 dans une station-service?

《E》 est la première lettre du mot anglais Ethanol, qui signifie carburant éthanol. E10 indique que 10% d'éthanol de carburant dénaturé est ajouté à l'hydrocarbure liquide auquel aucun oxygénat n'est ajouté. De même, E20 signifie que le taux d'addition est de 20%. Après l'ajout, il existe des exigences de qualité strictes, qui peuvent être réalisées selon la norme nationale *Essence d'éthanol de voiture* E10 (GB 18351).

78. Quel est l'état actuel de la technologie de traitement de l'éthanol de carburant de manioc?

L'éthanol de carburant de manioc désigne les produits de carburant de biomasse traités de la racine de manioc (manioc fraisou séché), par pulvérisation, fermentation, distillation, élimination de l'eau et dénaturation. Ses principaux critères techniques de production sont présentés au Tableau 11.

Tableau 11 Principaux critères techniques de la production d'éthanol-carburant au manioc

Années	Critères
Taux de production d'alcool d'amidon (%)	50,0 - 53,0
Taux d'alcool en maniocs frais (%)	90,0 - 300,0

(continue)

Années	Critères
Tonnes de consommation de charbon standard (tonnes)	0,6 - 1,3
Consommation d'eau (m^3)	20,0 - 30,0
Tonnes de consommation d'électricité (kWh)	10,0

En ce qui concerne la technologie de traitement de l'éthanol-carburant de manioc, la technologie de production chinoise utilisant du manioc pour produire de l'éthanol-carburant a atteint un niveau international avancé. Parmi ceux-ci, les équipements spéciaux et les technologies associées telles que le dispositif de transport combiné de déchargement de déchargement et de transport de matière première développé par le groupe Henan Tianguan sont principalement représentés par une fermentation semi-continue, une refusion forcée et un processus combiné à quatre tours permettant de réaliser la distillation des déchets. Par rapport aux technologies similaires internationales, ses investissements en équipements ont diminué de 26%, sa consommation de matières premières de 10% et ses coûts de production de 6%. COFCO a adopté la technologie du sable concentré de manioc, la fermentation en saccharification synchrone à grande cuve et la technologie de fermentation concentrée ainsi que la technologie de raffinage par pression différentielle à couplage thermique, produisant des droits de propriété intellectuelle indépendants, de nombreux processus et paramètres ont atteint le niveau avancé international.

79. Quels sont les types courants de fermentation alcoolique et les souches?

Actuellement, les méthodes courantes de fermentation de l'alcool sont divisées en trois types: type d'intermittence, type semi-continu et type continu.

(1) La fermentation à intermittence signifie que tout le processus de fermentation est toujours effectué dans un fermenteur.

(2) La méthode de fermentation semi-continue fait référence à la fermentation continue dans la phase de fermentation principale et la post-fermentation utilise la méthode de fermentation discontinue. La fermentation semi-continue est la principale étape de la fermentation. En général, les trois premières cuves adoptent une fermentation continue et la post-fermentation utilise une fermentation discontinue. Les fermenteurs sont connectés et les premiers fermenteurs sont toujours dans un état de fermentation principal continu. La purée fermentée sortant du troisième ou quatrième réservoir est complétée avec d'autres fermenteurs, et la fermentation est terminée.

(3) Fermentation continue. Il fait référence à la fermentation continue du groupe de fermenteurs à étages, c'est-à-dire que le moût saccharifié est ajouté en continu depuis le premier réservoir et le moût mature est déchargé en continu du réservoir final. En raison des méthodes d'opération spécifiques, le processus de fermentation en continu peut être divisé en un processus de fermentation en continu, un processus de fermentation en plusieurs étapes, un processus de saccharification à double flux et un processus de fermentation en continu. La fermentation en continu présente de nombreux avantages, dont l'un est d'améliorer le taux d'utilisation des équipements, le deuxième d'améliorer le taux d'utilisation

de l'amidon, le troisième d'économiser le secteur du levure alcoolique et le quatrième de faciliter l'automatisation.

80. Quelles sont les souches de fermentation d'alcool les plus courantes?

La fermentation alcoolique est divisée en deux sources de matières premières, l'une est une matière première amylacée et l'autre est une matière première cellulosique. La levure debière et ses variantes appartenant au genre Saccharomyces sont des souches de fermentation alcooliques à base de matières premières amylacées courantes, telles que Rasse II, Rasse XII, série K-12, Nanyang 5 (1300) et Nanyang Mix (1308) ont la même morphologie cellulaire que les autres levures cultivées, l'ellipsoïde. C'est une levure de fermentation typique utilisée couramment dans la production de bière. Les moules en sable courants en fermentation alcoolique de matières cellulosiques sont: Neurospora, Paecilomyces et Neurospora. De plus, les bactéries sont souvent utilisées dans la fermentation alcoolique, telles que les bactéries de fermentation anaérobies et les bactéries de fermentation brunes.

81. Comment augmenter le taux de conversion de l'alcool de manioc?

La production d'alcool de manioc est principalement à base de maniocs frais ou de maniocs séchés, et la matière première utilisée dans la production d'alcool de manioc est étroitement liée à la teneur en amidon de la matière première. Le taux de conversion de l'alcool est calculé à partir du niveau théorique ci-dessous.

(1) **La conversion théorique du glucose après la saccharification de granules d'amidon.**

Formule chimique: $(C_6H_{10}O_5)_n + nH_2O = nC_6H_{12}O_6$

Masse moléculaire: 162 18 180

On peut constater que le calcul théorique de 100 ensembles d'amidon brut de manioc permet de convertir le glucose 111, 11 (soit 180/162 × 100% = 111, 11%) et que la valeur empirique est de 108%.

(2) **Le taux de conversion théorique de la fermentation du glucose en alcool.**

Formule chimique: $C_6H_{12}O_6 — 2C_2H_5OH + 2CO_2$

Masse moléculaire: 180 de glucose, 92 d'alcool, 88 de dioxyde de carbone. On peut constater que le calcul théorique de 100 ensembles de glucose peut convertir 51,14 ensembles d'alcool anhydre (92/180×100%=51%), mais le taux de fermentation réel est généralement d'environ 89% à 91%, en prenant 90%, la valeur théorique devrait alors être de 51×90%=45,9%, soit 46,0%.

(3) **Rendement en alcool absolu.** Calculé par rendement de distillation de 98%. Une tonne de chips de manioc séchées (teneur en amidon de 70%) peut produire: 1 × 70% × 108%×46%×98%=0,3 408 tonne, environ 0,34 tonne. Si 0,34 tonne d'alcool absolu est convertie en alcool à 95%: 0,34×0,8 114 (densité d'alcool à 95%)÷0,7 893 (densité d'alcool à 100%)=0,34 951983 tonne, environ 0,35 tonne.

1 tonne de manioc frais (teneur en amidon de 25%) peut produire: 1×25%×108%×46%×98%=0,121 716 tonne, environ 0,12 tonne. Si 0,12 tonne d'alcool absolu est convertie en alcool à 95%: 0,12×0,8114 (densité d'alcool à 95%)÷

0,7 893 (précision d'alcool à 100%) = 0, 12 335 994 tonne, environ 0,12 tonne.

(4) **Produire 1 tonne d'alcool à 95% nécessite la consommation de matières premières.** La quantité de matière première en feuille sèche de manioc contenant 70% d'amidon: 1 ÷ 0, 35 ≈ 2, 86 tonnes de chips de manioc séchées; Quantité de matière première de manioc frais d'une teneur en amidon de 25%: 1÷0,12 à 8,33 tonnes de manioc frais; On peut constater que la clé de l'augmentation du taux de conversion de l'alcool de manioc est déterminée par les facteurs de teneur en amidon brut, de procédé de distillation et de processus de fermentation. Cependant, étant donné que le processus de distillation et la technologie du procédé de fermentation ont été difficiles à réaliser, il est particulièrement important d'augmenter la teneur en amidon des matières premières.

82. La technologie chinoise de traitement de l'alcool de manioc contient-elle des brevets ou des normes pertinents?

Le traitement de l'alcool de manioc consiste à utiliser des racines de manioc (maniocs frais ou chips de maniocs séchés) par la pulvérisation, la réduction en pâte, la cuisson (liquéfaction), la saccharification, le refroidissement, etc. Les racines de manioc sont fermentées dans le fermenteur et l'alcool fini est séparé par la tour de distillation, qui constitue les trois processus principaux, l'étape de traitement de la matière première de l'amidon, le processus de fermentation par liquéfaction et la purification par distillation. Il existe actuellement en Chine un certain nombre de brevets d'invention nationaux portant sur la technologie de traitement de l'alcool de manioc.

[1] Feng Jiaxun, Xu Qiangsheng, Yan Yusi *Application de l'enzyme de saccharification de l'amidon brut et de son procédé de préparation à la production d'alcool par hydrolyse de l'amidon brut et saccharification et fermentation simultanées de matières premières* [P]. Guangxi: CN 105925594A, 2016-09-07.

[2] Zheng Shaobo *Processus de production de recyclage de l'alcool utilisant du manioc et de la mélasse comme matière première* [P]. Guangxi: CN 102703516A, 2012-10-03.

[3] Rong Yuanping, WU Shihua, LIAO Lan, YI Yi, YE Yun *Méthode de fermentation des résidus de manioc et à base d'alcool concentré de manioc frais* [P]. Guangxi: CN 101899477A, 2010-12-01.

[4] Rong Yuanping, WU Shihua, LIAO Lan, DENG Dongmei, LI Kelin, YI Yi, HUANG Cuiji *Méthode de production de dextrine industrielle et d'alcool à l'aide de residus de manioc*. [P]. Guangxi: CN 101525648, 2009-09-09.

[5] Xie Yongwei *Méthode de traitement pour produire de l'alcool en utilisant des résidus de manioc et de la mélasse* [P]. Guangxi: CN 106434769A, 2017-02-22.

[6] Deng Xiuquan, DENG Xiushan, DENG Xiufeng *Méthode pour l'utilisation complète de l'alcool de transformation du manioc et des résidus d'amidon* [P]. Guangxi: CN 101773927A, 2010-07-14.

Toutefois, Il n'y a toujours pas de réglementation technique ou de norme pertinente en Chine, seulement des normes de qualité pour l'alcool (éthanol), telles que:

[1] GB/T 394.1 - 2008, *Alcool industriel* [S].

[2] GB 10343 - 2008, *Alcool comestible* [S].

[3] GB 18351 - 2010, *Essence d'éthanol de voiture* (E10) [S].
[4] GB 30610 - 2014, *Normes nationales de sécurité alimentaire Éthanol Additif alimentaire* [S].

83. Quels sont les principaux problèmes liés à la transformation de l'alcool de manioc en Chine?

L'industrie de l'alcool de manioc est une industrie traditionnelle et joue un rôle important dans le développement de l'économie nationale. En 2012, la production nationale d'alcool de manioc était de 1,6 million tonnes, dont 45% étaient utilisés dans l'industrie chimique, 30% étaient fournis à l'industrie du vin, 20% étaient utilisés pour produire de l'éthanol et 5% pour d'autres utilisations. En 2016, l'industrie nationale de l'alcool de manioc est très déprimée et confrontée à de nombreux défis.

(1) **Le taux de fonctionnement des entreprises de transformation de l'alcool est généralement faible.** La matière première pour la production d'alcool de manioc peut être du manioc frais ou du manioc séché (tablettes, bandes, blocs, fil, etc.). Les entreprises qui produisent de l'alcool à partir de tapioca en tant que matière première représentent plus de 80% des entreprises de transformation de l'alcool de manioc, et les 20% restants ou moins utilisent du manioc frais et des chips séchés pour produire de l'alcool. Selon les statistiques, il y avait 73 entreprises de transformation de l'alcool de manioc en Chine en 2012. Cependant, 11 fabricants ont besoin de commencer la délocalisation, la transformation technologique et la pénurie de matières premières en raison de problèmes de protection de l'environnement, le nombre réel est de 62

entreprises, dont 44 entreprises de transformation qui utilisent du manioc frais et des chips de manioc séchées comme matière première pour toute l'année et ont obtenu des licences nationales de production d'alcool comestible. Les 29 entreprises restantes qui produisent de l'alcool sur la même chaîne de production en utilisant d'autres matières premières telles que la mélasse, le maïs et la patate douce. En 2016, en raison du ralentissement du marché international, il y a moins de 10 sociétés en Chine qui produisent de l'alcool de manioc.

(2) **Le paysage concurrentiel de l'industrie axée sur le marché n'est pas parfait.** L'alcool comestible est une marchandise en masses: sur la base des normes de qualité nationales, l'homogénéité du produit est un problème sérieux, la commercialisation est élevée et le rayon de vente est limité, le coût et le prix étant la clé de la compétitivité. Selon l'accord-cadre de Chine-ASEAN depuis 2012, les importations chinoises de produits à base de manioc en provenance de l'ANASE ont mis en œuvre des droits nuls. Après la mise en œuvre du nouvel politique, la Thaïlande, le Vietnam, l'Indonésie, le Pakistan et d'autres pays ont successivement exporté une grande quantité d'alcool de manioc en Chine, ce qui a exercé une pression énorme sur le marché national de l'alcool de manioc, tandis que la surcapacité intérieure devait changer le statu quo par le biais d'une concurrence sur le marché, assurer la survie du plus apte et promouvoir la modernisation de l'industrie de l'alcool de manioc. Toutefois, afin de garantir le développement sain du secteur de l'énergie, le pays accorde toujours des subventions financières élevées, une exonération de la TVA et un soutien de la politique de la

taxe à la consommation, qui diluent pratiquement la pression de la libre concurrence sur le marché. Depuis 2013, le gouvernement central de l'État réduit considérablement les subventions financières pour l'alcool à base de biomasse, il réglemente l'industrie des alcools à carburant, les subventions financières obtenues par les entreprises de production d'alcool locales sont considérablement réduites, le risque de perte d'entreprises de production d'alcool augmente et la structure concurrentielle des industries axées sur le marché a commencé à se dessiner.

(3) **La taille de l'entreprise est petite et le coût des matières premières est élevé.** Bien que l'état ait promulgué le *Catalogue d'orientation sur l'adaptation de la structure industrielle* (2011) (Ordonnance 9 de la Commission nationale du développement et de la réforme), les conditions d'accès aux industries (30 000 tonnes/an ou plus). Toutefois, l'échelle de production n'est que de 34% supérieure à 30 000 tonnes/an, ce qui est difficile à obtenir les efficacités des économies d'échelle et à développer une économie circulaire, et les produits fabriqués par les entreprises de transformation de l'alcool sont principalement de l'alcool comestible. En outre, du point de vue des matières premières, les entreprises de transformation de l'alcool en manioc ne planifient pas de base de matières premières, et toutes les matières premières sont achetées ou importées. Avec l'expansion de la capacité de production d'éthanol-carburant dans l'ASEAN, le nombre de produits à base de manioc exportés par l'ASEAN vers la Chine a diminué et le prix de ces produits a fortement augmenté. D'autre part, après la publication par le Conseil d'État en 2011 de la *Notification spéciale sur l'ajustement et la*

rectification de la transformation en profondeur du maïs en 2011, de nombreuses entreprises nationales de transformation de l'alcool ont transformé les matières premières utilisées pour la transformation de l'alcool en matières premières《non céréalières》. Le manioc est la matière première préférée de la plupart des entreprises de transformation de l'alcool. La vive concurrence a entraîné une hausse des prix des matières premières, constituant un marché de vendeurs et donnant aux sociétés productrices d'alcool de manioc la double pression d'une demande importante en matières premières.

(4) **La mise à jour lente de l'équipement conduit à la technologie sous-développée.** La production nationale d'alcool de manioc est relativement précoce. Avec les progrès de la science et de la technologie et le développement industriel, de nombreux équipements et installations auxiliaires commencent à souffrir de problèmes tels que performances instables, faible rendement de production, consommation élevée de matières et d'énergie. Cependant, en raison des coûts d'investissement élevés, les entreprises de production d'alcool ne peuvent pas achever la modernisation des équipements et de la technologie en grandes quantités en peu de temps et la compétitivité du marché est évidemment insuffisante.

84. Quelles sont les principales entreprises nationales de production d'alcool de manioc et leur capacité de production?

Les principaux producteurs nationaux d'alcool de manioc sont Guangxi COFCO Biomass Energy Co. , Ltd, Henan Tianguan

Group et Guangxi Wuming Jiaolong Alcohol Energy Co., Ltd., principalement distribués dans les régions du Guangxi, du Sichuan, du Yunnan et d'autres régions (voir Figure 7).

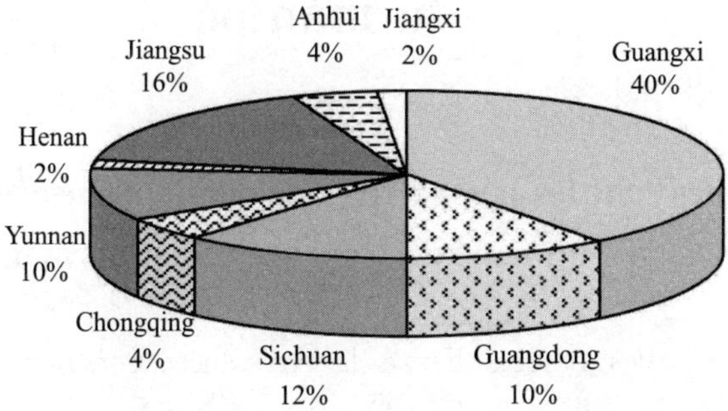

Figure 7 Répartition des principales usines d'alcool domestiques

En termes de capacité de production, selon les statistiques, la capacité de production d'alcool de manioc en Chine a atteint 3,2 millions tonnes en 2012, et la production réelle d'alcool de manioc était de 1,6 million tonnes. Les principales entreprises de production comprennent les groupes Guangxi COFCO et Henan Tianguan, avec une échelle de conception de 200 000 et 500 000 tonnes/an respectivement, mais les deux sociétés n'ont produit que 100 000 tonnes et 150 000 tonnes d'alcool de manioc en 2012. Le taux de fonctionnement global des entreprises a tendance à être faible. Récemment, deux nouvelles sociétés du sud de la Chine se sont engagées dans le traitement de l'alcool à base de manioc, notamment 《Guangdong Zhongneng Alcohol Co., Ltd, produisant 200 000 tonnes d'alcool comestible par an》 à Zhanjiang, province du Guangdong, et 《Hainan Coconut Island Group, projet de 100 000 tonnes d'éthanol-carburant à base de manioc》, situé à Yangpu (Hainan).

Chapitre 6 Utilisation complète du manioc

85. Quelles sont les perspectives de développement de l'industrie nationale de transformation du manioc?

Compte tenu des besoins liés à la croissance économique et aux réformes structurelles de la Chine, la demande de produits de traitement primaire et de transformation profonde du manioc continuera à augmenter, ce qui créera inévitablement un nouvel espace de développement pour les produits de transformation et de transformation profonde. Combinés au développement de l'industrie chinoise et aux avantages de la transformation de l'amidon de tapioca, de l'amidon modifié, de l'alcool et des aliments pour animaux, les produits de la transformation primaire et de la transformation en profondeur du manioc en série offrent de larges perspectives.

(1) **Les entreprises se développent en ampleur et en intensification.** Afin de réaliser une utilisation complète, une utilisation étape par étape et une utilisation multidirectionnelle des matières premières et des sous-produits de traitement, produire des produits de différentes formes et utilisations et réaliser une utilisation efficace des ressources et le《zéro émission》. Les entreprises de transformation du manioc et de transformation en profondeur sont continuellement concentrées, l'échelle de production s'agrandit de jour en

jour et la technologie de production propre ainsi que le processus reposant sur le concept d'économie circulaire ont été largement introduits dans les processus de transformation et de transformation en profondeur du manioc.

Dans les zones où les ressources de production de manioc sont abondantes, comme en Asie du Sud-Est, la taille des entreprises de traitement en profondeur de l'amidon est relativement grande en raison de la concentration des matières premières utilisées, la capacité de production annuelle étant généralement supérieure à 50 000 tonnes. Le plus grand producteur d'amidon de tapioca de Thaïlande a une capacité quotidienne de plus de 700 tonnes d'amidon de tapioca. Du point de vue national, l'industrie chinoise de transformation de l'amidon de manioc, de l'alcool de manioc et de manioc modifié, de manioc au manioc, a progressivement évolué pour passer d'un modèle de développement dominé par les grandes entreprises et les grands groupes. L'échelle de production annuelle de l'amidon de tapioca, de l'alcool et de l'amidon modifié du groupe biochimique Nongken Mingyang du Guangxi est de 600 000 tonnes et sa valeur de production dépasse 1 milliard de yuans. Avec l'expansion de l'échelle de production, l'exploitation et la commercialisation des entreprises de traitement du manioc et de traitement en profondeur montreront également une tendance à la transnationalisation et à l'internationalisation. En 2012, les commandes à l'exportation de certaines entreprises de transformation de l'amidon modifié à partir de manioc ont augmenté de manière exponentielle par rapport à 2011. Les principaux liens entre la production, la transformation et la vente de matières premières de manioc et la demande du marché sont de plus en plus étroits, ce qui forme un système d'information pour le transfert du prix de l'offre et de la demande et la recherche de normes de qualité. Du contrat, du contrat à la coopération et à la coopération, à la participation mutuelle, à la gestion du groupe et à l'intégration de la gestion unifiée, et à la formation d'un système de gestion industrielle plus étroit pour parvenir à un développement durable. Le développement à grande échelle et d'intensification est devenu une tendance importante dans le développement des industries de transformation du manioc et de transformation en profondeur.

(2) **Le traitement des matières premières évolue dans le sens de la spécialisation.** Avec la segmentation du marché et des utilisations, le traitement du manioc et le traitement en profondeur sont de plus en plus enclins à sélectionner des variétés spéciales de matières premières, ce qui favorise la spécialisation de la production de manioc, cela consiste à utiliser des techniques de sélection, des techniques de culture, des techniques de lutte contre les parasites, etc. appropriées dans la production de manioc afin de garantir que des matières premières de haute qualité avec des variétés appropriées, de bonne qualité, sans pollution, sans pesticides et autres substances nocives. C'est devenu une tendance majeure dans le domaine de la transformation et de la transformation en profondeur des maniocs en production agricole. En Chine, des entreprises de transformation du manioc ont créé des bases d'approvisionnement de variétés spéciales de matières premières et de matières premières relativement stables, pour produire des《amidons de tapioca bio》destiné à l'exportation à l'étranger. Il existe

également dans notre pays des variétés de manioc comestibles à nourriture crue, qui non seulement enrichissent la table des gens, mais également un moyen de transformer le manioc comestible《en toute sécurité, naturel, de haute qualité》et de traiter en profondeur les matières premières. Différentes variétés peuvent jouer un rôle particulier, ce qui favorisera le développement sain et efficace de l'ensemble de la chaîne de l'industrie du manioc.

(3) **Les produits transformés sont diversifiés et sérialisés.** Les produits de transformation du manioc, notamment l'amidon, l'alcool, l'amidon modifié et le sucre d'amidon, sont des matériaux de base largement utilisés. Avec l'expansion du domaine des applications, la demande pour ses produits est également diversifiée et sérialisée. A l'heure actuelle, plus de 3 000 variétés d'amidon modifié ont été mises au point et commercialisées à l'étranger, les produits nationaux amidonnés à base d'amidon modifié ont formé des dizaines séries de dizaines de variétés, largement utilisées dans tous les domaines, y compris les additifs alimentaires, les aliments aquatiques, les adhésifs, l'amidon de bière, la biomédecine, le papier, le textile, etc., parmi eux, la production d'amidon modifié au manioc se spécialise dans les séries d'usages quotidiens, de produits agricoles et d'autres produits fortement absorbants de l'eau; les matières plastiques biodégradables et autres matières spéciales à base d'amidon modifié à partir de manioc à base de matières biologiques.

(4) **La technologie de traitement évolue vers un développement automatique et écologique.** Avec la maturité progressive du marché de l'amidon de tapioca, de l'alcool de manioc, de l'amidon modifié et la prise de conscience de la qualité dans

la concurrence du marché, les entreprises de transformation ont commencé à s'intéresser à la construction de leur propre matériel, à l'amélioration du niveau de contrôle de l'automatisation, et à la promotion de manière intensive les technologies et équipements économes en énergie avec une consommation d'énergie réduite et un rendement élevé.

Les entreprise de traitement de l'amidon de manioc mettent en place un système de contrôle des processus (PCS) et un programme de contrôle raisonnable (PLC). Le processus de production utilise un contrôle automatique pour assurer un contrôle optimal des processus, faciliter les opérations, réduire les coûts, réduire la consommation énergétique, stabiliser la qualité des produits et augmenter la production. Les entreprises de traitement de l'alcool de manioc adoptent généralement une fermentation avancée avec séparation de la levure et des expectorations, une technologie de déshydratation par tamis moléculaire et d'évaporation sur membrane, une cuisson à basse température, une fermentation en continu sur grand réservoir, une tour à phase gazeuse, la distillation à pression différentielle et la cogénération, réduisant la consommation d'eau et de vapeur pour atteindre l'utilisation de la cascade d'énergie. En ce qui concerne l'amidon modifié au manioc, le niveau de contrôle d'automatisation de la chaîne de production existant a été constamment amélioré, des machines et équipements de traitement à grande échelle et une intégration technologique clé ont été continuellement développés et utilisés. La technologie de traitement de pointe, y compris la technologie de traitement par extrusion, l'irradiation par micro-ondes, l'irradiation par infrarouge, etc., a été élargie. Des technologies avec des équipements simples, un faible encombrement, une adaptabilité et un fonctionnement pratique ont été appliqués, ce qui a élargi la méthode de production d'amidon modifié au manioc et réduit la pollution de l'environnement provoquée par la production d'amidon modifié au manioc.

Lors de l'utilisation des《trois déchets》produits lors du traitement de l'amidon de tapioca, de l'alcool de manioc et de l'amidon modifié de manioc, la tendance au développement du recyclage a été initialement mise en oeuvre. Les eaux usées organiques sont principalement traitées par une combinaison de processus anaérobies et aérobies: la production de biogaz à base de méthane peut être directement utilisée pour fournir du gaz de chaudière afin de réduire la production de charbon, ainsi que pour purifier le biogaz afin de produire du biogaz au lieu du pétrole et du gaz, remplacer la gaz naturel de pétrole et est utilisé dans les véhicules à moteur. A l'heure actuelle, les entreprises nationales de transformation de l'amidon de tapioca, de l'alcool de manioc et de l'amidon modifié au manioc peuvent réaliser le processus de production sans gaspillage d'eau ni de résidus par l'intégration de la technologie et obtenir l'effet de la production propre sur la protection de l'environnement.

(5) **L'utilisation des aliments à base de manioc s'est développée rapidement.** Avec la croissance de l'économie chinoise, l'augmentation du revenu national, le changement de concept de consommation et de concept de santé, les aliments passent de la saveur et la mode à la qualité, la nutrition et la fonctionnalisation, à faible teneur en sucre, en sel, en graisses, en calories et en fibres, ceux qui sont sont devenues une tendance majeure du développement et ont

progressivement pris place sur la table nationale. L'industrie alimentaire chinoise doit impérativement suivre le chemin de la 《qualité, de la nutrition et de la fonctionnalisation》 afin de poursuivre son développement sain de manière rapide et efficace. 65% du manioc produit dans le monde est utilisé pour les rations et constitue la principale culture vivrière dans les régions tropicales telles que l'Afrique et l'Amérique du Sud et constitue un substitut nécessaire à la crise alimentaire. Ses racines sont riches en nutriments (voir Tableau 12) et peuvent produire de nombreux excellents produits alimentaires divers. La sécurité des produits alimentaires et autres produits agricoles est une base importante pour le maintien de la stabilité sociale et de la croissance économique d'un pays. La crise alimentaire s'intensifiant, la nourriture de 800 millions personnes dans le monde est menacée.

Tableau 12 Liste des éléments nutritifs pour les racines de manioc
(contenu pour 100 grammes)

Indicateur	Contenu	Nom de l'ingrédient	Contenu	Indicateur	Contenu
Portion comestible (%)	99,0	Eau (%)	69,0	Energie (Ka)	116,0
Energie (kJ)	485,0	Protéine (g)	2,1	Graisse (g)	0,3
Glucides (g)	27,8	Fibres alimentaires (g)	1,6	Calcium (mg)	88,0
Cendre (g)	0,8	Vitamine C (mg)	35,0	Sodium (mg)	8,0
Phosphore (mg)	50,0	Potassium (mg)	764,0	—	—
Magnésium (mg)	66,0	Fer (mg)	2,5	—	—

Comme le montre le Tableau 12, le manioc comestible est riche en éléments nutritifs, conformément aux besoins alimentaires de la population moderne et à ses objectifs 《naturels, sûrs, sains et individuels》. En Chine, le manioc était autrefois une culture peu connue et son industrie est encore nouvelle. Avec l'influence croissante du système et l'effet de bon service sur les 《trois régions rurales》 dans les régions montagneuses, l'industrie du manioc en Chine subit de profonds changements sous la direction et la démonstration d'experts du système et de stations expérimentales complètes. L'industrie chinoise du manioc connaît de profondes mutations: le manioc est progressivement devenu une culture pionnière dans de nombreuses régions montagneuses reculées et dans des zones de régénération, ainsi qu'une chaîne industrielle unique d'aliments, tels que les nouilles au tapioca de la pratique. De telles entreprises de transformation alimentaire à petite échelle et à faible investissement peuvent bien résoudre les divers inconvénients de la plantation locale de manioc, de la petite échelle industrielle et du manque d'entreprises de transformation à grande échelle. L'industrie locale du manioc regorge de vitalité: à l'heure actuelle, dans le Guangxi, le Hainan, le Yunnan et d'autres lieux, des chaînes de production industrielles telles que la farine de tapioca comestible, les ventilateurs de farine de tapioca comestibles, la poudre de manioc entière, les aliments soufflés au manioc, les boissons au manioc et le gâteau de lune au manioc ont été établis. Et passer progressivement à la production à grande échelle d'aliments spécialisés à base de manioc, qui est devenue un nouveau point de croissance économique.

Dans le même temps, dans le secteur du tourisme et des loisirs, qui attache une grande importance au développement social d'aujourd'hui, les collations sont une mesure importante pour développer le tourisme et renforcer les marques de tourisme. Le système technique de l'industrie du manioc prend la construction de l'île touristique internationale de Hainan comme une opportunité dans le temps, et les experts compétents en dehors du système des unités sont orientés vers le marché, utilisant la technologie brevetée de transformation du manioc, recherchant et développant les collations au manioc, de nouveau matériaux médicaux alternatifs et mettant au point une série de snacks à base de manioc, notamment des aliments soufflés à la feuille de manioc, des boissons solides à base de manioc, des bonbons au manioc et du gâteau au manioc, etc. En particulier, de nombreux développements encourageants ont été réalisés dans le domaine des applications médicales, de nombreux matériaux alternatifs à matrice biologique ont été développés et les perspectives du marché sont très larges.

(6) L'utilisation complète des sous-produits continue de se développer.

Les sous-produits de manioc comprennent les sous-produits de plantation et de transformation, qui se rapportent à d'autres produits des produits principaux tels que les maniocs frais, l'amidon, l'amidon modifié et l'alcool lors de la production et de la transformation du manioc, comme les tiges, les feuilles, la peau de manioc, les scories d'amidon, les boues de traitement et les grains d'alcool, la production totale dépasse de loin le rendement en maniocs frais et constitue une ressource précieuse et précieuse pour la transformation et l'utilisation de l'industrie du manioc.

Ces dernières années, le taux d'utilisation des sous-produits de manioc en Chine a augmenté d'année en année, mais le taux d'utilisation des différents types de sous-produits est différent: le taux d'utilisation des scories de manioc est le plus élevé, 100% est utilisé et le taux d'utilisation de la peau, des feuilles et des tiges de manioc n'est pas élevé, surtout les feuilles de manioc, le taux d'utilisation est inférieur à 10%. Du point de vue de l'utilisation, les scories de manioc et les feuilles de manioc sont principalement utilisées pour l'alimentation des animaux, tandis que les tiges, les peaux et les boues de traitement sont principalement utilisées pour l'utilisation des ressources ou du substrat.

Actuellement, il existe de plus en plus de recherches sur la technologie d'utilisation des sous-produits du manioc dans le monde, telles que la production d'acide citrique, de cyclodextrine, d'acide glutamique, d'acide lactique, d'acide fumarique, etc. La cellulose de scories de manioc est utilisée pour produire de la carboxyméthylcellulose et la nanocellulose est extraite, utiliser des feuilles de manioc pour extraire des substances actives antioxydantes, utiliser des tiges par granulation de carbonisation pour produire des agents de traitement des eaux usées, etc. Ces technologies et procédés sont des moyens importants d'utiliser des sous-produits de grande valeur. Ils sont progressivement popularisés et appliqués en Chine, tels que l'utilisation de scories de manioc et de feuilles de manioc pour produire des aliments pour animaux, l'utilisation de feuilles de manioc pour produire des aliments soufflés, l'utilisation de tiges pour cultiver des champignons comestibles et la production engrais bio-organique, d'engrais acide humique, etc. en traitant les boues et les résidus du distillateur. Bien que le niveau d'utilisation des sous-produits de manioc en Chine se soit considérablement amélioré ces dernières années, il a apporté des avantages économiques évidents à l'industrie, mais en raison de la technologie relativement étendue et à usage unique, le niveau d'utilisation n'est toujours pas élevé et l'efficacité des ressources n'a pas été pleinement utilisée.

86. Quelle est l'utilisation complète du manioc et quelle est sa valeur nutritionnelle?

Le manioc est un trésor, sa racine est riche en amidon, elle constitue une matière première industrielle importante et constitue la principale source de production de manioc en Afrique, en Amérique du Sud et en Asie du Sud-Est. Les feuilles de manioc sont riches en protéines, en flavonoïdes antioxydants et en flavonoïdes, une matière première nutritive rare. Les tiges de manioc matures ont certaines propriétés de rétention d'eau et peuvent être utilisées comme substrat pour la culture de champignons comestibles ou la plantation de fleurs, sont également une excellente matière première pour les plaques de compression haute densité. En outre, les tendres pousses de manioc sont également des matières premières de haute qualité pour l'industrie des aliments pour animaux, qui peuvent être transformées en divers aliments pour animaux. Après des années de recherche et de résultats de tests, le goût, la valeur nutritive et la digestibilité sont supérieurs à ceux du maïs et d'autres aliments céréaliers.

Tableau 13 Comparaison de la valeur d'utilisation des aliments pour manioc

Unité: mégajoules/kilo

Articles	Poudre de feuille de manioc	Feuille de manioc ensilage	Farine de tapioca	Résidu de manioc
Énergie de digestion du porc (DE)	6,23	16,66	13,31	10,04
Énergie Métabolisable de poulet (ME)	5,06	—	12,68	9,50
Énergie nette du lait de vache laitière (NEL)	4,10	8,83	9,16	9,04
Énergie nette du lait de vache laitière (Neg)	1,00	5,35	8,41	5,52
Energie du métabolisme des moutons (ME)	7,45	12,39	12,76	12,64

87. Quelle est la proportion et les composants principaux des racines de manioc?

Les racines de manioc fraîches sont riches en glucides (voir Tableau 14) et contiennent également une certaine quantité de facteurs antinutritionnels, tels que tanins, cyanure, fibres, etc. Cependant, la différence de proportion entre les différentes parties, la Figure 5 montre que la proportion de manioc aux fruits dans le manioc est supérieure de 85,34% à celle de SC9 et de SC8 et que sa teneur en cyanure en facteur antinutritionnel est également différente.

Tableau 14 Comparaison des principaux composants des racines de manioc fraîches

Ingrédient principal	Variété	Épiderme	Peau entourée	Manioc	Colonne du milieu
Teneur en eau (%)	SC9	18,08±1,41	40,44±0,99	33,24±0,95	18,62±0,53
	SC8	9,08±0,61	48,52±3,64	40,13±2,80	17,77±2,27
	Manioc sucré	7,13±0,10	41,62±2,97	56,08±0,58	19,56±2,29
Teneur en amidon (%)	SC9	0±0	16,40±0,99	32,18±1,52	26,33±2.,21
	SC8	0,75±0,11	6,54±0,35	21,54±0,71	30,20±0,55
	Manioc sucré	0±0	0,57±0,03	0,99±0,04	0,47±0,04
Teneur en cyanure (mg/kg)	SC9	145,97±0,9	93,07±0,14	21,06±1,40	32,32±0,14
	SC8	120,07±11,76	52,73±0,14	20,27±0,16	12,23±0,14
	Manioc sucré	32,43±0,06	40,57±0,21	20,29±0,07	12,12±0,03

88. Quels sont les points techniques de l'utilisation du substrat de tige de manioc et de la culture de champignons comestibles?

L'utilisation du substrat de la tige de manioc pour la culture des champignons comestibles remonte à près de 20 ans et fait partie de la technologie existante qui a fait l'objet d'une application largement répandue. Ses points techniques comprennent trois parties.

(1) **Prétraitement des tiges.** Les tiges de manioc fraîches après la récolte sont brisées pendant deux jours après l'exposition au soleil.

(2) **Ingrédients de la matrice.** Les tiges de manioc broyées sont préparées la matrice selon une certaine proportion de champignons comestibles de différentes variétés à partir de copeaux de bois, de cosses de coton, de son de blé et d'autres matières premières classiques. Le rapport de matrice des champignons noirs, des pleurotes et des champignons

jaunes peut être consulté au Tableau 15.

Tableau 15 Différentes formules de matrice de champignons comestibles

	Tige de manioc	Sciure de bois	Son de blé	Citron vert	Plâtre
Champignon noir	31,2%	46,8%	20,0%	1,0%	1,0%
Pleurotus	67,0%	30,0% Résidu d'alcool de manioc	2,0%	1,0%	
Champignon jaune	63,0%	20,0%	15,0%	1,0%	1,0%

(3) **Vaccination et gestion.** Le matériau de matrice préparé est ensaché et la quantité d'eau est déterminée en fonction de l'humidité du matériau de base, le rapport général étant de 1 : 1,2 ou 1 : 1, 5, de sorte que la teneur en eau du matériau de base est de 58% ± 2% (l'eau suinte à la main, mais pas à l'extérieur). Chaque sac (taille 32 cm × 12 cm) représente environ 1, 2 à 1, 3 kilo du milieu de culture. Le matériau de la matrice doit être compacté une fois rempli, puis stérilisé à haute température (124℃) haute pression (0,3 MPa) pendant 3 heures. Après refroidissement naturel, il est prêt à être utilisé. Le sac de culture stérilisé et l'outil d'inoculation sont placés sur l'établi ultra-propre pour l'inoculation. Après inoculation, selon les procédures opératoires, effectuer la gestion bactéricide et des champignons.

89. Quelles sont les procédures opératoires pour l'inoculation de champignons comestibles?

L'utilisation de tiges de manioc pour l'utilisation du substrat et la culture de champignons comestibles, en plus de la formulation de la matrice est très importante, l'inoculation tardive et la gestion des champignons sont également critiques, peuvent suivre les procédures suivantes.

(1) **Sélection des souches.** Choisir les souches de culture fines avec des hyphes blancs, une forte croissance, un âge approprié et aucune pollution, et les deuxième et troisième grades conviennent.

① Espèce mère. Pour l'espèce mère, utiliser le milieu PDA, incuber à 25 ℃ jusqu'à ce que le mycélium soit blanc et épais et que les hyphes aériens puissent être transférés à l'espèce mère.

② Espèce originale. La culture est réalisée dans un milieu de grain conventionnel ou dans un milieu de coque en coton, et les bactéries sont stérilisées à haute pression pendant 2,5 à 3,0 heures et inoculées pendant environ 25 jours jusqu'à ce que les hyphes soient envahis.

(2) **Période de culture.** Les variétés de champignons comestibles classiques conviennent le mieux à une croissance entre 22 et 26 ℃. A Hainan, vous pouvez choisir d'inoculer les variétés à température normale de janvier à mars ou de septembre à décembre, et d'avril à août les variétés résistantes aux températures élevées pour obtenir une culture annuelle.

(3) **La salle de stérilisation est désinfectée.** Choisir une chambre sombre et propre qui servira de chambre de pulvérisation et désinfectera soigneusement la chambre des bactéries avant l'utilisation.

(4) **Vaccination et culture des champignons.**

① Culture d'inoculation. Une fois que le matériel de culture est stérilisé, sa température est réduite à 30 ℃ ou moins, et la quantité d'inoculation est de préférence de 30 à 35 sacs par sac de cultivar (taille 27 cm×33 cm).

② Gestion de la culture des champignons. a. Rangée de sacs. En fonction de la température, déterminer la manière dont le sac est placé. Lorsque la température est ≥20 ℃, les sacs de bactéries sont disposés en deux rangées sur le plateau. Lorsque la température est<18 ℃, les 3 à 4 couches du sac à bactéries sont placées sur une seule rangée et la lumière noire est cultivée pour contrôler l'humidité relative de l'air de 60 à 70%, la température du sac étant toujours contrôlée à 22 à 25 ℃. b. Inspection. Après 3 à 4 jours d'inoculation, vérifiez si les bactéries sont contaminées, le premier tour sera effectué dans 7 à 8 jours, puis empilées une fois tous les 7 jours. Chaque fois que vous inspectez et retirez les sacs de bactéries contaminées, vous devez les jeter à temps. c. Le matin et le soir, ventilez une fois, maintenez l'humidité de l'air entre 60% et 70%, mettez la culture pendant 25 à 30 jours, jusqu'à ce que les hyphes regorgent de poches de bactéries, puis laissez-la mûrir pendant 3 à 5 jours pour gérer les champignons.

(5) **Gestion des champignons.** Le sac de bactéries cultivées post-mûres est transporté vers le site de production de champignons. Le hangar de culture de champignons comestibles du type à étagère haute est utilisé et le champignon est déchargé de manière stratifiée. La température ambiante de la foule de champignons est maintenue entre 18 et 28 ℃ et une certaine différence de température se forme, de 6 à 10 ℃. Utilisez un aérosol pour maintenir l'humidité de l'air et vaporisez de l'eau sur le sol et les murs environnants (mur du hangar).

Evitez de vaporiser de l'eau sur la gueule du sac pour éviter le volume d'eau dans le champignon. L'humidité relative de l'air dans le champignon est maintenue entre 80% et 90%, la ventilation est accrue, l'air intérieur est maintenu frais et une certaine quantité de lumière dispersée est garantie, ce qui est favorable à la formation de la base d'origine.

(6) **Récolte.** La couverture fongique comestible est fondamentalement plate et les spores sont récoltées à l'époque où elles n'ont pas été éjectées. La pulvérisation d'eau a été arrêtée 1 jour avant la récolte. Après la récolte, enlevez la racine du champignon, les champignons malades et les champignons morts à temps pour prévenir la pourriture et infecter les bactéries, et arrêtez de pulvériser pendant 2 à 3 jours pour rétablir la croissance du mycélium. Il peut récolter en continu 3 - 4 champignons, le rendement en champignons frais peut atteindre 1,6 - 2,1 kilo/sac, le taux de bioconversion peut atteindre 110% et le rapport entrées-sorties est de 1 : 4.

90. Quels sont les avantages d'utiliser des tiges de manioc pour cultiver des champignons comestibles?

La tige de manioc est le principal sous-produit de la production de manioc. Selon le niveau nutritionnel, la teneur en protéines brutes et en cellulose de la tige de manioc est nettement plus élevée que celle de la puce de bois, qui équivaut à celle de la coque de la graine de coton, La teneur en autres ingrédients n'était pas significativement différente de celle du nutriment de base (voir Tableau 16).

Tableau 16 Analyse comparative de la composition en éléments nutritifs de la tige de manioc et d'autres matériaux de culture de champignons comestibles

Article	Protéine brute (%)	Graisse brute (%)	Cellulose (%)	Hémicellulose (%)	Lignine (%)	Extrait sans azote (%)	Cendres (%)
Copeaux de bois	1,57	3,12	36,12	12,58	19,17	24,52	2,92
Cosse de coton	5,07	1,57	32,73	21,42	15,18	18,19	5,84
Épi de maïs	2,05	0,78	30,26	34,13	17,19	13,46	2,13
Tige de maïs	3,51	0,82	32,91	31,89	14,65	11,36	4,86
Paille de blé	2,63	1,16	43,6	22,21	9,32	14,81	6,27
Paille de sorgho	3,42	1,73	40,11	30,15	7,68	10,79	6,12
Tête de manioc	4,47	0,38	39,32	11,88	19,84	21,32	2,79
Brindille de manioc	3,69	0,42	37,67	11,77	22,6	21,09	2,76
Tige principale de manioc	4,73	0,34	39,93	11,73	17,87	22,69	2,71
Racine de manioc	4,98	0,37	40,38	12,14	19,05	20,18	2,9

Le tréhalose est une substance anti-âge reconnue et son contenu affecte directement la qualité du produit. Du point de vue de la qualité des champignons comestibles, différentes proportions de matrice ont eu des effets significatifs sur la qualité et le rendement des champignons comestibles en culture: lorsque la proportion de tiges de manioc était de 31, 2%, la teneur en tréhalose des trois champignons comestibles était nettement supérieure à celle des autres ratios (voir Tableau 17).

Tableau 17 Analyse comparative de la teneur en tréhalose dans des champignons comestibles de différentes proportions de culture de tiges de manioc

Ratio matrice de tige de manioc (%)	Teneur en tréhalose (mg/g)		
	Pleurotus	Champignon jaune	Champignon noir
A (0)	44,58±3,29^{C}	208,74±1,19^{E}	7,53±0,91^{B}
B (15,6)	52,52±2,88^{B}	243,26±7,25^{B}	15,59±0,58^{A}
C (31,2)	61,51±3,58^{A}	250,32±4,55^{A}	14,97±0,54^{A}
D (62,4)	27,93±0,42^{D}	223,21±13,21^{C}	14,85±0,10^{A}
E (78,0)	44,53±1,35^{C}	217,88±5,91^{D}	16,58±1,22^{A}

Remarque: Les lettres sont des différences statistiquement significatives.

91. Quels sont les points essentiels de la technologie d'utilisation des aliments pour les tiges et feuilles tendres de manioc

En Chine, la région du sud de la Chine représente un développement relativement lent de l'industrie de l'élevage en Chine, principalement en raison d'une offre insuffisante de matières premières pour latransformation des aliments pour animaux, ce qui crée une source unique d'aliments pour animaux, incapable de répondre à la forte demande du marché pour le développement de l'industrie. Par conséquent, la mise au point d'une technologie d'utilisation complète des aliments pour produits dérivés est devenue l'une des clés de la promotion de l'industrie aquacole dans le sud.

Le manioc est l'une des cultures vivrières les plus importantes, principalement à partir de ses racines: les sous-produits des tiges et des feuilles tendres représentent environ 25% à 30% du rendement en racines. Les tiges et les feuilles tendres sont riches en nutriments, notamment l'amidon, les protéines brutes, les fibres brutes, les graisses brutes et les minéraux, et constituent une source rare d'alimentation. En Chine, la culture du manioc est principalement distribuée dans les régions du Guangdong, du Guangxi et de Hainan, ainsi que dans le Fujian, le Jiangxi, le Yunnan, le Guizhou et dans d'autres régions, produisant environ 3 millions de tonnes de tiges et de feuilles fraîches chaque année. La teneur en protéines brutes de ces tiges et feuilles tendres peut atteindre 20,6% à 36,4% (échantillon sec), et les acides aminés totaux de la protéine représentent environ 50% des acides aminés totaux, ce qui en fait une source idéale pour l'alimentation des œufs. D'un autre point de vue nutritionnel, les feuilles sont également riches en vitamine C, en vitamine B_1, en vitamine B_2, en grandes quantités d'éléments (tels que P, Mg, K et Ca) et d'oligo-éléments (tels que Mn, Zn, Fe, Cu). La teneur en vitamine C est de 231 - 482 mg/100 g (FW), un aliment de haute qualité pour l'élevage du bétail et un légume nutritif. En Indonésie, 50 à 70 tonnes de feuilles de manioc fraîches sont utilisées chaque année comme légumes. On peut constater que le développement et l'utilisation des tiges et des feuilles tendres de manioc pour nourrir les aliments pour animaux peuvent non seulement atténuer efficacement la pénurie de protéines, mais également permettre le recyclage des sous-produits et promouvoir le développement sain de l'agriculture circulaire. Cependant, l'utilisation alimentaire des tiges et des feuilles tendres de manioc doit être prise en compte de la sélection des variétés et de la méthode de transformation et de utilisation.

(1) **Concentrez-vous sur la sélection des variétés.** Différentes variétés de manioc ont différentes protéines brutes (11,0%

à 21,3%), des matières grasses brutes (1,6% à 2,8%) et un rendement biologique, et l'utilisation alimentaire doit être utilisée en fonction des caractéristiques des différents stades d'utilisation et des variétés.

(2) **Concentrez-vous sur l'analyse de la qualité.** Le système d'évaluation de la qualité des aliments est l'une des conditions préalables au développement durable de l'industrie des aliments pour animaux et de l'élevage. Des différents animaux ont des besoins alimentaires différents selon les saisons de croissance et nécessitent des évaluations exhaustives des effets de l'alimentation, du coût de l'alimentation, des indicateurs nutritionnels de l'alimentation, des caractéristiques digestives, de la sapidité, de la sécurité et de la santé. Les tiges et les feuilles tendres du manioc contiennent une certaine quantité de facteurs antinutritionnels tels que le cyanure, le tanin et la pectine, ce qui limite considérablement la portée de l'utilisation des aliments pour animaux. *Les normes d'hygiène en Chine* (GB 13078 - 2001) stipulent que la quantité maximale admissible de cyanure de film sec de manioc est de 100 mg/kg, tandis que la quantité maximale autorisée d'aliment composé pour le porc et le poulet, aliment concentré, est de 50 mg/kg.

92. Quels sont les principaux ingrédients et les principaux cas d'utilisation des aliments contenant de la scorie de manioc?

Les scories de manioc désignent un sous-produit qui reste après la production de l'amidon à partir de racines de manioc. Selon les statistiques, la production annuelle de scories de maniocen 2016 en Chine est d'environ 5 millions tonnes, principalement distribuée dans les provinces du Guangxi, du Guangdong et de Hainan, avec une énergie générale d'environ 2,3 mégacaux/kilo, une énergie digestive de 10,08 mégajoules/kilo et une énergie métabolisable de 9,5 mégajoules/kilo. Il s'agit d'un aliment énergétique relativement peu coûteux, représentant environ 40% du maïs, ce qui en fait une source potentielle des matières premières de haute qualité. Ses principales composantes sont présentées dans le Tableau 18.

Tableau 18 Principaux composants des résidus de manioc

Teneur en eau (%)	12,0 - 14,0
Graisse brute (%)	0,3 - 0,6
Protéine brute (%)	1,8 - 3,5
Fibre brute (%)	6,0 - 13,0
Extrait sans azote (%)	72,0 - 78,0
Cendres brutes (%)	1,0 - 3,0

Les scories de manioc peuvent également remplacer certains aliments à base de maïs et de son, améliorant ainsi les avantages économiques de l'élevage du bétail et de la volaille, tout en résolvant le problème de la pollution par les scories de manioc, améliorant les avantages économiques des entreprises de production en matière de recyclage et atténuant la contradiction de la pénurie d'alimentation en énergie, les technologies de l'utilisation des aliments pour animaux sont les suivantes:

(1) **L'application de résidus de manioc dans l'alimentation du porc.** Des études ont montré qu'ajouter 2% au stade porcelet, 6% au stade moyen et gros, l'effet de la prise de

poids, le taux de conversion alimentaire et l'avantage économique sont les meilleurs.

(2) **L'application de résidus de manioc chez les ruminants.** Dans les élevages de bovins de boucherie, le laitier de manioc constitue le régime de base, complété par un concentré approprié, l'effet d'engraissement des bovins de boucherie est bon, le bœuf n'a pas d'odeur, un goût pur, un goût riche, un bon goût, la qualité est la meilleure qualité. Pour les vaches laitières, l'ajout de laitier de manioc pendant la période de traite n'a pas d'effet significatif sur la production laitière des vaches. Dans l'élevage de chèvres en captivité, le rapport de mélange laitier/concentré de manioc est de 2∶1, ce qui est plus raisonnable et l'avantage global est mieux.

(3) **L'application de résidus de manioc dans l'élevage.** L'ajout d'aliment à 1% de scorie de manioc fermenté contribue à favoriser la transformation des canetons dans la nourriture des animaux; la fermentation du laitier de manioc pendant la période d'engraissement peut remplacer certains aliments à prix plein sans affecter de manière significative les performances de production de canard à viande. Dans l'élevage des oies, 20% de scories de manioc fermentés ont été ajoutés à la nourriture, ce qui ne différait pas beaucoup des rations conventionnelles.

93. A quoi devez-vous faire attention lorsque vous utilisez des aliments contenant de la scorie de manioc?

Les scories de manioc sont un sous-produit de la production industrielle, le coût est faible, la nutrition est riche et les perspectives de développement sont vastes, mais il reste encore de nombreux problèmes de production et d'application qui nécessitent une attention particulière.

(1) **Faites attention au stockage.** Les résidus de manioc frais ont une teneur en eau allant de 80% à 90%, ce qui les rend sensibles à la moisissure et à la détérioration. La scorie de manioc métamorphique est susceptible de provoquer une intoxication animale. Par conséquent, il devrait être scellé et stocké à temps pour réduire le temps d'exposition aux scries de manioc.

(2) **Nutrition équilibrée.** L'utilisation de laitier de manioc fermenté doit faire attention à l'équilibre nutritionnel de l'alimentation. Après la fermentation du résidu de manioc, son appétibilité et sa teneur en éléments nutritifs sont améliorées. Cependant, sa composition en acides aminés n'est pas équilibrée et il est nécessaire de coopérer avec des aliments protéiques de haute qualité ou d'ajouter de la méthionine synthétique et de la lysine pour assurer l'équilibre nutritionnel en acides aminés.

(3) **Quantité de nourriture.** La teneur en cellulose et en cyanure du manioc est élevée et, si l'alimentation est trop importante, cela entraînera une indigestion de l'animal, ce qui affectera les performances de production de l'animal et provoquera également un empoisonnement au cyanure d'hydrogène.

(4) **Période d'alimentation.** Les besoins nutritionnels des animaux varient selon les stades de croissance. La fonction digestive des jeunes animaux n'est pas encore parfaite et la résistance à la maladie est médiocre. Il est déconseillé de consommer les résidus de manioc à l'avance, ce qui augmenterait le risque de troubles digestifs et d'empoisonnement.

94. Quelles sont les méthodes d'utilisation complètes des scories d'alcool de manioc?

La scorie d'alcool de manioc désigne le sous-produit final de la production d'alcool de manioc. Selon les statistiques, la Chine a produit environ 3 millions tonnes d'alcool en 2016, dont 200 000 tonnes de scories d'alcool de manioc, dont 78% de cellulose, 3% de polysaccharide, 9% de protéines et 10% d'autres ingrédients. Les principales méthodes actuellement utilisées dans le cadre d'une utilisation globale sont les suivantes: substratisation, alimentation animale, énergie, engrais organique et autres utilisations.

(1) **Utilisation de la matrice.** En utilisant des scories d'alcool de manioc comme matière première principale, une addition appropriée de paillettes, d'épi de maïs et d'autres matières auxiliaires dans la matrice de résidus d'alcool de manioc, ainsi que la culture de pleurotes, de pleurotes et de théiers par clinker, l'efficacité biologique de ces champignons atteint 94,33% L'efficacité a atteint 83,3% et l'efficacité biologique d'Agrocybe aegerita était de 66,48%. La scorie de l'alcool de manioc est utilisé comme matériau principal, la coque en coton, le son et d'autres matériaux auxiliaires sont ajoutés, et le champignon de paille est cultivé selon la méthode de recouvrement du sol sans sac. La souche V9 a une efficacité biologique élevée et un bon effet de culture.

Les scories d'alcool de manioc constituent la principale matière première. Les microorganismes sont cultivés. Les souches (G4 Aspergillus), C15 (Geotrichum candidum) et Candida utilis, le Q4 (Aspergillus niger), C32 (Pythium militaris), Candida peut également être utilisé comme souche de fermentation mixte à l'état solide pour produire un aliment biologique contenant des résidus d'alcool de manioc. En outre, en utilisant des scories d'alcool de manioc, une enzyme de désagrégation acide humique ou du charbon de bois, des cendres de paille sèches à mélanger, la teneur en eau du mélange est contrôlée à 33% à 70%, en ajoutant au mélange 2% de l'inoculum microbien, en agitant rapidement et en chargeant dans le sac scellé, une fermentation anaérobie à la température ambiante pendant environ 10 jours peut produire un agent microbien dont le nombre effectif viable est supérieur ou égal à 300 millions/gramme (200 millions/gramme de plus que la norme nationale).

(2) **Utilisation des aliments.** Les scories d'alcool de manioc sont riches en cellulose, en protéines et en polysaccharides et peuvent être utilisés dans la production d'aliments pour animaux. Cependant, les scories fraîches d'alcool de manioc contiennent également de l'alcool et ne doivent pas être utilisées directement comme ingrédient alimentaire. Après une fermentation suffisante, il élimine non seulement l'influence de l'alcool contenu, mais dégrade également une partie de la cellulose pour améliorer ses éléments nutritifs. Il peut être utilisé pour l'élevage de porcs et de poissons et la production d'aliments composés. En outre, les résidus de distillateur de manioc sont difficiles à stocker, à déshydrater et les éléments nutritifs ne sont pas équilibrés. Son application dans le secteur de l'alimentation animale est extrêmement limitée.

(3) **Consommation d'énergie.** Utilisation de scories d'alcool de

manioc comme matière première, après une pulvérisation mécanique simple (granulométrie inférieure à 0,85 mm), liquéfaction dans un rapport eau de matériau initial de 1 : 8, ajout de cellulase 30 - 50 FPU/g, dans les 24 heures suivant la fermentation. Le résidu de manioc restant a été ajouté au rapport matières/eau total pour atteindre 1 : 2,5. La fermentation du sucre synchrone dans le fermenteur, la concentration en éthanol dans le bouillon de fermentation atteint 52 g/litre et le rendement en scories d'alcool de manioc en éthanol atteint 13% à 16%. En outre, les scories de distillerie de manioc sont riches en matériaux cellulosiques et peuvent être utilisées comme combustible pour chaudière. A l'heure actuelle, la COFCO Biomass Energy Co. , Ltd du Guangxi produit 67 000 tonnes de scories d'alcool de manioc traitées selon cette méthode, le coût économisé par tonne d'alcool est de 200 yuans. Cependant, en raison de la faible valeur calorifique des scories d'alcool de manioc (environ 11 301 799,92 cokes), la déshydratation est difficile, le coût de la déshydratation augmente et la possibilité d'utiliser des scories de distillat de manioc comme combustible ne sont pas optimistes.

(4) **Utilisé comme engrais organique.** A l'heure actuelle, la plupart des scories alcooliques de tapioca des entreprises de transformation de l'alcool de manioc sont directement empilées dans la nature. Après une semaine ou plus de fermentation naturelle, des engrais organiques sont produits par des procédés de déshydratation et de mélange afin de fournir des sources d'azote suffisantes pour les cultures à feuilles longues. Cependant, en raison de sa

déshydratation, de ses difficultés de stockage, de la faible efficacité des engrais, de la pollution de l'air ambiant et d'autres facteurs, son application à grande échelle est également sérieusement affectée.

(5) **Autres façons d'utiliser.** L'utilisation de scories d'alcool de manioc peut produire des produits respectueux de l'environnement tels que des emballages industriels ou des disques de fleurs jetables, tels que du papier ondulé et du papier tube.

95. Quels sont les avantages comparatifs et les perspectives de l'utilisation des scories d'alcool de manioc?

Il existe de nombreuses façons d'utiliser les scories d'alcool de manioc et la différence entre avantages et perspectives est évidente, comme le montrent les Tableaux 19 et 20. La production de papier et de produits écologiques est relativement efficace et offre de larges perspectives d'application.

Tableau 19 Comparaison des avantages économiques

Utilisation	Coût (yuan/tonne)	Valeur de production (yuan/tonne)	Bénéfice brut (yuan/tonne)	Marge bénéficiaire brute (%)
Substrat de culture	50,0	180,0	130,0	72,2
Engrais organique	50,0	70,0	20,0	28,6
Aliment pour animaux	50,0	60,0	10,0	16,7
Carburant	50,0	200,0	150,0	75,0
Fabrication du papier	50,0	400,0	350,0	87,5
Produits respectueux de l'environnement	50,0	350,0	300,0	85,7

Tableau 20 Comparaison de la consommation d'énergie par tonne de produit

Utilisation	Eau (tonne)	Électricité (kWh)	Gaz (kg)	Consommation énergétique globale (charbon standard/gramme)	Niveau technique
Substrat de culture	0	20	0	2,5	Moyen
Engrais organique	0	50	0	6,4	Bas
Aliment pour animaux	0	75	100	21,9	Moyen
Carburant	0	20	80	12,4	Bas
Fabrication du papier	10	180	300	60,8	Haut
Produits respectueux de l'environnement	30	1 200	0	156,2	Haut

96. Comment l'utilisation de feuilles de manioc dans l'alimentation en feuilles profite-t-elle de la sériciculture, quels sont les problèmes?

Le manioc est une culture vivace et positive-positive avec un rendement de 0,25 – 0,40 tonne par mu. Lorsque les plantes sont ombragées ou que les plantes sont scellées, les feuilles inférieures des plantes apparaissent jaune et caduques en raison d'un manque de lumière. A ce stade, l'éclaircie modérée des feuilles peut être utilisée en sériciculture, ce qui peut réduire l'influence sur les racines de manioc et accroître les avantages économiques des producteurs de maniocs.

Un mu de terre de manioc peut en général récolter 0,25 à 0,40 tonne de feuilles fraîches et peut soulever une boîte (10 000 têtes) de vers à soie, un lot pouvant être terminé en 16 à 18 jours (de la collecte des fourmis à la formation de croûtes), en récoltant des cocons de vers à soie 20 – 25 kilo, dont la chrysalide fraîche est de 16 – 20 kilo, et la coquille de vers à soie est d'environ 3 kilo. Sur la base du prix de vente moyen dans le Guangxi au cours des trois dernières années, la chrysalide fraîche est de 40 à 60 yuans/kilo, la coquille de vers à soie est de 50 yuans/kilo et les revenus de la sériciculture sont d'environ 800 à 1 350 yuans. En outre, le sous-produit de 100 kilogrammes de selles de ver à soie est également un bon engrais organique, et il a permis d'économiser des frais d'engrais (environ 150 yuans) après leur traitement sur le terrain. Le rendement du manioc est de 875 – 1 050 yuans et le revenu moyen par mu est de 1 675 – 2 400 yuans. On peut constater que la sériciculture sur feuilles de manioc est une bonne technologie nécessitant moins d'investissements, un effet rapide et une grande efficacité dans l'ajustement de la structure de la plantation agricole. Mais la sériciculture à feuilles de manioc pose encore de nombreux problèmes, à savoir:

(1) La sélection des vers à soie fins est lente. La technologie de nourriture utilisée n'est pas parfaite et les réglementations techniques agricoles standard font défaut.

(2) Il n'y a pas d'amarrage direct entre les agriculteurs et le marché, et l'intensification et l'échelle est faibles.

(3) La technologie de développement et d'utilisation des cocons de vers à soie est sous-développé et l'endurance est faible.

(4) La propagande et la vulgarisation ne suffisent pas, de nombreuses personnes n'ont toujours pas une compréhension suffisante de la culture de la sériciculture, ce qui nécessite non

seulement l'appui technique de divers instituts de recherche, mais également l'appui politique du gouvernement.

97. Quelles sont les perspectives d'application de la technologie de gazéification et de liquéfaction de la tige de manioc?

Le taux d'utilisation des tiges de manioc est très faible, principalement de manière simple. S'il est utilisé comme combustible à faible valeur calorifique ou s'il est directement brûlé au champ, il gaspille des ressources mais pollue également l'environnement. Il peut être détruit et renvoyé sur le terrain pour améliorer la fertilité du sol et sa structure, mais l'intensité de la main-d'œuvre y est importante et les dangers cachés des parasites et des maladies sont ensevelis dans la production de manioc l'année suivante.

(1) **Technologie de gazéification.** La technologie de gazéification de la biomasse est devenue un moyen de traiter les déchets agricoles et a été largement encouragée dans le nord de la Chine pour traiter efficacement les épis de maïs, les tiges de maïs, la paille de blé, etc., alors que la technologie de gazéification des tiges de manioc du sud ne fait que commencer. La tige de manioc est gazéifiée par un gazéifieur à lit fixe aval. Lorsque la gazéification est stable, la température de la couche d'oxyde, de la couche de réduction et de la pyrolyse est d'environ 1 000 ℃, 800 ℃ et 580 ℃, respectivement, lorsque le débit d'air est de 10 à 30 m^3/heure, le gazéifieur peut stabiliser la production de gaz. La production de gaz ayant un faible pouvoir calorifique est comprise entre 3 695 et 3 974 kJ/m^3, le rendement de gazéification est de 2,04 à

3,32 m^3/kilo et le rendement de gazéification est d'environ 69,66%. La figure 8 montre une unité de système de gazéification.

(2) **Technologie de liquéfaction.** Avec l'augmentation continue de la production de tiges de manioc, la pression sur l'environnement écologique a suscité une grande attention. La liquéfaction thermochimique est une méthode efficace de conversion et d'utilisation des pailles de culture, dont les tiges (paille de maïs, paille de blé, paille, épi de maïs) sont utilisées comme matière première principale pour l'utilisation de la liquéfaction. Des études ont montré qu'après que les tiges de manioc sont liquéfiées et résinisées par le phénol, l'acide phosphorique, on peut obtenir un produit résineux opaque brun rougeâtre et mélanger uniformément la farine pour former un adhésif, puis presser le contreplaqué à trois couches. La force de liaison moyenne du contreplaqué est de 0,739 2 MPa, ce qui est conforme aux exigences de la norme nationale (GB/T 9846 - 2004) pour le contreplaqué de classe I (≥0, 7 000 MPa), il peut fournir une garantie pour résoudre les problèmes écologiques de la paille de culture et accroître les revenus des agriculteurs, ainsi qu'une nouvelle façon d'utiliser les matières premières non constituées de fibres de bois. Les conditions optimales pour la préparation de colle de résine phénolique pour la résine synthétique de produit liquéfié de manioc sont les suivantes: rapport liquide-solide 5 : 1 ou 3,5 : 1, quantité ajoutée de catalyseur 13%, température de liquéfaction 160 - 165 ℃, durée de liquéfaction 130 minutes, taux de liquéfaction 87,4%-90,5%.

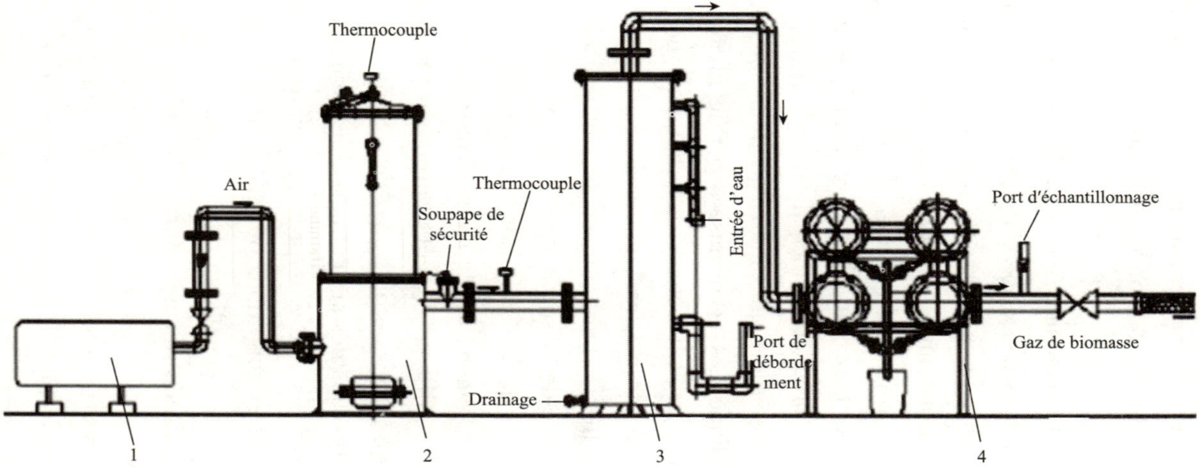

Figure 8 Dispositif du système de gazéification (Luo Weifeng, 2008)

1.Compresseur d'air; 2. Carburateur à tirage en bas à lit fixe;

3.Purificateur d'arrosage; 4.Séparateur gaz-eau

98. Quelles sont les méthodes d'utilisation complètes des feuilles de manioc?

Les feuilles de manioc sont d'importants sous-produits de la production de manioc, riches en protéines, matières grasses, substances actives antioxydantes et minéraux (voir Tableau 21), avec une production annuelle de plus de 10 millions tonnes, une excellente matière première pour la transformation des aliments pour animaux et des denrées alimentaires, ainsi que ses perspectives de développement et d'application est très large, il y a trois façons principales d'utiliser.

Tableau 21 Principaux éléments nutritifs des feuilles de manioc

Contenu	Teneur	Contenu	Teneur
Eau (%)	75,0 - 85,0	Calcium (%)	0,1 - 0,2
Protéine brute (%)	6,8 - 12,2	Phosphore (mg/kg)	620,0 - 750,0
Graisse brute (%)	0,7 - 1,1	Potassium (%)	0,4 - 0,5
Glucides (%)	10,0 - 14,0	Fer (mg/kg)	20,0 - 30,0
Fibre brute (%)	5,8 - 7,4	Vitamine E (%)	0,7 - 0,8
Cendres brutes (%)	1,2 - 2,1		
β-carotène (mg/g)	0,4 - 0,6	Vitamine C (mg/kg)	780,0 - 890,0
Lutéine (mg/g)	0,8 - 1,0	Vitamine B_1 (mg/kg)	1,2 - 1,7
Rutine (mg/g)	1,1 - 1,6		
Nicotifiorin (mg/g)	0,2 - 0,4		

(1) **Utilisation alimentaire.** La teneur en protéines de feuilles fraîches de manioc détermine sa valeur comestible. Dans les pays étrangers, 60% des pays d'Afrique subsaharienne et de la plupart des pays d'Asie du Sud-Est utilisent les feuilles de manioc comme légumes pour compléter les protéines et les vitamines, dont il représente 60% des légumes que les gens du Congo (Brazzaville) mangent. En Chine, les aliments soufflés à base de feuilles de manioc ont été développés avec succès. Ils constituent un bon en-cas mais ils en sont encore au stade de la recherche et du développement. De plus, l'utilisation du jus de feuilles de manioc pour extraire le concentré de protéines de feuilles de manioc (CLPC) par coagulation à la vapeur d'eau constitue une source importante de supplémentation protéique quotidienne.

(2) **Utilisation des aliments.** Les feuilles de manioc sont riches en protéines et en oligo-éléments, ont une haute valeur nutritive et peuvent être développées comme ressources alimentaires. A l'heure actuelle, les feuilles de manioc nationales et étrangères sont utilisées dans les régimes alimentaires des chèvres, des moutons, des porcs, du poulet, des oies et du poisson, ce qui peut améliorer les performances de croissance des animaux, les traits de carcasse, la digestion des nutriments et le développement des organes digestifs. Les feuilles de manioc peuvent également être utilisées pour élever des vers à soie du manioc, qui constituent un modèle efficace pour développer l'industrie du manioc et augmenter les revenus agricoles.

(3) **Utilisation fonctionnelle.** Les feuilles de manioc sont riches en flavonoïdes (anthocyanes, caroténoïdes) et en divers flavonoïdes.

Le test chez la souris a confirmé que la poudre de feuille de manioc pouvait augmenter la vitamine A dans le foie et prévenir des maladies courantes telles que le cancer du sein, le cancer utérin, le cancer de l'ovaire, le cancer de l'estomac, le diabète, l'hypertension, les cardiopathies, la gastrite, l'ulcère gastrique, l'arthrite et la névrite. Il peut développer des aliments ou des médicaments fonctionnels pour la santé des feuilles.

99. Quels sont les principaux facteurs affectant l'utilisation des feuilles de manioc?

Les feuilles de manioc sont riches en nutriments et constituent une ressource agricole précieuse, mais leur utilisation est étroitement liée aux facteurs anti-nutritionnels de la feuille, aux conditions techniques et aux marchés de consommation.

(1) **Facteurs anti-nutritionnels.** Les feuilles de manioc contiennent des facteurs antinutritionnels tels que le tanin, le cyanure, l'inhibiteur de la trypsine, l'oxalate et l'acide phytique, parmi lesquels le cyanure est un facteur majeur qui ne peut être ignoré lors de l'utilisation des feuilles de manioc, ce qui conduit facilement à des intoxications.

(2) **Conditions techniques.** Il n'existe actuellement aucune machine spéciale pour la récolte, ce qui limite considérablement l'utilisation industrielle des feuilles de manioc. Du point de vue de la technologie de développement et d'utilisation à haute valeur ajoutée, un grand nombre de substances actives antioxydantes n'en sont encore qu'au stade expérimental et l'industrialisation reste très éloignée.

(3) **Marché de consommation.** Pendant longtemps, il n'existait pas de marché mature pour la consommation de feuilles de manioc en Chine. Premièrement, il n'y a pas de produits industrialisés et, deuxièmement, comme les feuilles de manioc contiennent une certaine quantité de cyanure, les consommateurs ont encore des doutes sur l'utilisation des feuilles de manioc.

100. Quelle est la tendance future de la technologie d'utilisation complète du manioc?

Le manioc est devenu la deuxième culture tropicale en Chine et son modèle industriel s'est formé. Les principaux produits du manioc (amidon, amidon modifié, alcool) constituent une gamme d'applications relativement stable dans le marché, et il est difficile de réaliser de nouvelles percées dans l'utilisation industrielle. Toutefois, la recherche sur la technologie d'utilisation des sous-produits de manioc vient de commencer et il reste encore beaucoup à faire pour accroître le taux d'utilisation et l'utilisation de la technologie. En particulier, les perspectives de développement et de promotion de technologies d'utilisation de valeur élevée pour les sous-produits sont infinies, principalement pour les raisons suivantes.

(1) **Les sous-produits sont riches en ressources et profitent à la population.** Les sous-produits du manioc comprennent les sous-produits agricoles (racines, tiges, feuilles) et de transformation (eau, vapeur, scories), avec une production annuelle de plus de 10 millions tonnes, une ressource précieuse à faible coût. Dans le passé, le modèle de développement consistant à rechercher un faible coût et une

efficacité élevée ne s'est pas adapté aux exigences du développement industriel actuel, il est nécessaire de procéder à une utilisation globale et à un développement durable dans le but de 《consommation complète》 et de protéger l'environnement. En outre, les sous-produits du manioc couvrent un large éventail de produits, impliquant les producteurs de manioc et les entreprises de transformation. La démonstration et la promotion de la technologie d'utilisation profiteront aux entreprises et à la majorité des producteurs. L'intégration et la promotion de la technologie d'utilisation apporteront certainement une nouvelle vitalité à l'industrie.

(2) **La technologie de traitement primaire des sous-produits est hautement efficace et simple à opérer.** Les technologies de traitement et d'utilisation des sous-produits sont fondamentalement des technologies existantes et sont reconnues dans la pratique à long terme. En intégrant l'équipement, les méthodes de traitement et les méthodes d'utilisation pour la démonstration et la promotion, il est possible d'obtenir des avantages économiques et sociaux considérables. La technologie d'utilisation à haute valeur ajoutée du traitement en profondeur a fait l'objet d'une attention soutenue et fournira un bon support technique pour l'utilisation des sous-produits à l'avenir.

(3) **La tendance de la durabilité agricole et des industries respectueuses de l'environnement se développe.** Avec la prise de conscience nationale de la protection de l'environnement et l'ajustement et l'optimisation de la structure industrielle agricole, un développement agricole durable et une agriculture respectueuse de l'environnement seront la tendance du développement industriel à l'avenir. Dans le développement

industriel futur, il est très probable que la région sera utilisée comme une unité pour intégrer et promouvoir l'utilisation de la technologie des sous-produits afin d'assurer le développement durable et stable de l'industrie.

图书在版编目（CIP）数据

木薯及其加工利用100问：法文 / 国家木薯产业技术体系编著．—北京：中国农业出版社，2019.9
ISBN 978-7-109-25996-6

Ⅰ. ①木… Ⅱ. ①国… Ⅲ. ①木薯-食品加工-问题解答-法文 Ⅳ. ①S533-44

中国版本图书馆CIP数据核字（2019）第213760号

中国农业出版社出版
地址：北京市朝阳区麦子店街18号楼
邮编：100125
责任编辑：黄 宇 何晓燕
版式设计：杨 婧 责任校对：周丽芳
印刷：中农印务有限公司
版次：2019年9月第1版
印次：2019年9月北京第1次印刷
发行：新华书店北京发行所
开本：850mm×1168mm 1/32
印张：6
字数：150千字
定价：50.00元